Susanne Dorscheid

Molekulare Evolution der Pyranose-2- Oxidase aus Peniophora gigantea

Susanne Dorscheid

Molekulare Evolution der Pyranose-2-Oxidase aus Peniophora gigantea

Engineering einer Oxidase zur effizienten Anwendung in der Biokatalyse

Südwestdeutscher Verlag für Hochschulschriften

Impressum / Imprint
Bibliografische Information der Deutschen Nationalbibliothek: Die Deutsche Nationalbibliothek verzeichnet diese Publikation in der Deutschen Nationalbibliografie; detaillierte bibliografische Daten sind im Internet über http://dnb.d-nb.de abrufbar.

Bibliographic information published by the Deutsche Nationalbibliothek: The Deutsche Nationalbibliothek lists this publication in the Deutsche Nationalbibliografie; detailed bibliographic data are available in the Internet at http://dnb.d-nb.de.

Verlag / Publisher:
Südwestdeutscher Verlag für Hochschulschriften
ist ein Imprint der / is a trademark of
OmniScriptum GmbH & Co. KG
Heinrich-Böcking-Str. 6-8, 66121 Saarbrücken, Deutschland / Germany
Email: info@svh-verlag.de

Herstellung: siehe letzte Seite /
Printed at: see last page
ISBN: 978-3-8381-1142-1

Zugl. / Approved by: Saarbrücken, Universität, Dissertation, 2009

Inhaltsverzeichnis

I Einleitung

Kohlenhydrate und ihr Anwendungspotential

Kohlenhydrate besitzen vielfältige Funktionen in allen Lebensformen und stellen daher die häufigsten organischen Verbindungen der Erde dar. Sie dienen als Energiespeicher, Brennstoffe und Metabolite, Strukturelemente der Zellwand von Bakterien, Pflanzen und den Außenskeletten der Arthropoden. Sie sind mit Proteinen und Lipiden verknüpft und bilden die Grundgerüste von DNA und RNA. Bei Zell-Zell-Erkennungsvorgängen und Infektionszyklen spielen Kohlenhydrate eine entscheidende Rolle (Stryer 2003). Zudem bilden Kohlenhydrate 95% der jährlich nachwachsenden Biomasse von rund 200 Milliarden Tonnen und stellen damit ein großes, bisher weitgehend ungenutztes Potential als nachwachsende Rohstoffe dar, weshalb das Bestreben besteht, diese der industriellen Nutzung zu zuführen (Lichtenthaler et al 1993). Die Synthese und der Einsatz von Kohlenhydraten gewinnen aufgrund ihrer vielfältigen Funktionen und ihres ubiquitären Vorkommens zunehmend chemisches, biotechnologisches und medizinisches Interesse. Kohlenhydrat-Derivate finden außerdem Anwendung als Zuckerersatzstoffe, sowie als Emulgatoren in der Nahrungsmittelindustrie, als glykosidische Tenside, Gefrierschutzmittel und als Bestandteile von Pharmazeutika und Antibiotika (Drueckhammer et al 1991). Dabei liegt der Fokus insbesondere auf den seltenen Zuckern, die z.B. Komponenten der zu den Antibiotika zählenden Aminoglykoside sind (Lu et al 2004). Seltene Zucker werden zur Synthese von Herzglykosiden, Inhibitoren von Zellproliferation und Virostatika verwendet und spielen eine Rolle als Glykosidaseinhibitoren (Asano et al 2003). Auch das Antikoagulanz Heparin und der Impfstoff gegen *Haemophilus influenza* Typ b basieren auf Kohlenhydraten, viele weitere Wirkstoffe befinden sich noch in der Testphase (Alper 2001). Seltene Zucker kommen in der Natur selten vor und sind auch meist nur schwer zu synthetisieren, da eine selektive chemische Modifikation von Kohlenhydraten durch ihren multifunktionellen und chiralen Charakter nur unter Verwendung von Schutzgruppen und mit geringen Ausbeuten möglich ist (Röper 1991, Stoppok et al 1992, Whiteside & Wong 1985). Seltene Zucker und ihre Derivate werden daher zunehmend durch eine Kombination von chemischen und enzymatischen Synthesen dargestellt, wozu passende Biokatalysatoren benötigt werden.

GMC-Oxidoreduktasen

Insbesondere Oxidoreduktasen und darunter die Familie der GMC-Oxidoreduktasen (Glucose/Methanol/Cholin-Oxidoreduktasen), die Mitglieder aus allen Reichen umfassen, stellen durch ihre große Diversität eine für die industrielle Anwendung interessante Proteinfamilie dar. Pflanzliche Enzyme wie die Hydroxynitril-Lyasen (EC 4.1.2.10) werden ebenso zu dieser Familie gezählt wie die bakterielle Cholesterol-Oxidase (EC 1.1.3.6) oder Pilzenzyme wie die Glucose-Oxidasen (EC 1.1.3.4) oder die Pyranose-2-Oxidasen (EC 1.1.3.10). All diese Enzyme besitzen trotz starker Unterschiede in ihrer Aminosäuresequenz große Ähnlichkeit in Teilen ihrer Struktur (Cavener 1992, Hallberg et al 2004). Die GMC-Oxidoreduktasen werden unterteilt in Alkohol-Oxidasen, Cholin-Oxidoreduktasen, Kohlenhydrat-Dehydrogenasen und -Oxidasen (Zamocky et al 2004). Letztere bestehen aus Flavin oder Kupfer enthaltenden Enzymen, welche die Oxidation eines primären oder sekundären Alkohols in Sacchariden unter Reduktion von Sauerstoff zu Wasserstoffperoxid katalysieren und zumeist in höheren Pilzen vorkommen (Xu et al 2001). Glucose-1-Oxidasen beispielsweise oxidieren D-Glucose am C1-Atom zu D-Glucono-δ-lacton unter Bildung von Wasserstoffperoxid und wurden erstmals in *Aspergillus niger* und *Penicillium glaucum* nachgewiesen (Müller 1928). Sie werden zur medizinischen Diagnostik, industriellen Gluconsäureproduktion und als Antioxidantien in der Lebensmittelchemie eingesetzt (Berg & Niebergal 1992, Cai et al 2004, Ernst et al 2002, Zhang et al 2004). Auch Pyranose-2-Oxidasen, die von Weißfäulepilzen (Basidiomyceten) der Gruppe der *Aphyllophorales* gebildet werden, werden basierend auf Sequenzvergleichen (Albrecht & Lengauer 2003) und Strukturdaten (Bannwarth et al 2004, Hallberg et al 2004) in diese Gruppe eingeordnet. Sie stellen hier die einzigen homotetrameren Flavoproteine dar und katalysieren die Oxidation einer großen Bandbreite an Aldopyranosen regioselektiv an C-2 und in geringerem Maße an C-3 unter Wasserstoffperoxidbildung zu den korrespondierenden Ketozuckern. Dieses Wasserstoffperoxid wird den extrazellulären Peroxidasen des ligninolytischen Systems zur Verfügung gestellt. Weißfäulepilze sind die einzigen zur Mineralisierung von Lignin fähigen Organismen und leisten damit einen entscheidenden Beitrag zum Kohlenstoffkreislauf, indem sie den Abbau von Holz ermöglichen (Ralph & Catcheside 2002). Durch Einsatz eines Systems aus relativ wenigen Enzymen und starken, unspezifischen Oxidantien werden die komplexen Bindungen innerhalb des hochverzweigten aromatischen Makromoleküls Lignin destabilisiert und so die Monomere zum Abbau freigegeben (de Koker et al 2004, Schlegel 1992). Der Redoxzyklus innerhalb des ligninolytischen Systems, der durch die P2Ox katalysiert wird, ist in Abbildung 1 dargestellt. In einem sekundären Metabolismus bildet die P2Ox in vielen Basidiomyceten mit D-Glucoson die Vorstufe des β-Pyronantibiotikums Cortalceron, dessen Rolle bisher weitgehend ungeklärt ist (Artolozaga et al 1997, de Koker et al 2004, Volc et al 1991).

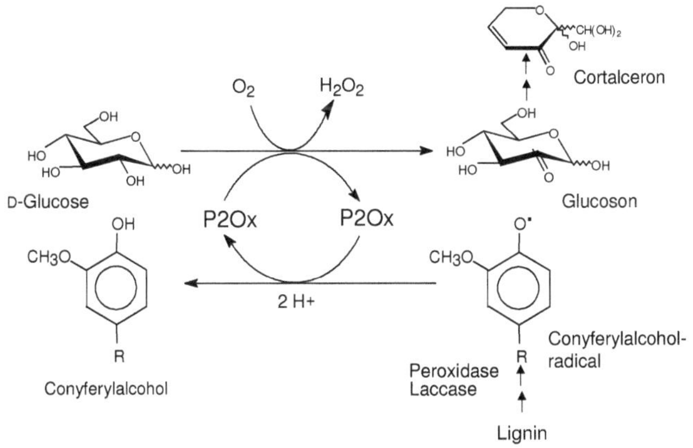

Abbildung 1: Beteiligung der P2Ox an einem postulierten Redoxzyklus zum Ligninabbau (Giffhorn, 2000).

Herkunft und biochemische Eigenschaften der P2Ox

Die Enzymklasse der Pyranose-2-Oxidasen wurde erstmals in *Polyporus obtusus* beschrieben (Ruelius et al 1968), Eine Klonierung fand bisher aus *Coriolus versicolor* (Nishimura et al 1996), *Trametes hirsuta* (Christensen et al 2000), *Tricholoma matsutake* (Takakura & Kuwata 2003), *Trametes ochracea* (Synonym *multicolor*) (Vecerek et al 2004), *Phanerochaete chrysosporium* (de Koker et al 2004), *Peniophora* sp., *P. gigantea* (Bastian et al 2005), und *Trametes pubescens* (Maresova et al 2005) statt. Sequenzen von Pyranose-2-Oxidasen wurden außerdem in *Lyophyllum shimeji* (Takakura & Kuwata 2003), *Arthrobacter chlorophenolicus* (Copeland et al 2008) und *Gloeophyllum trabeum* (Dietrich & Crooks 2008) identifiziert.

Die Aminosäuresequenzen der P2Ox werden in zwei Gruppen unterteilt. Die erste Gruppe, zu der auch die Sequenzen aus *Peniophora* sp. und *P. gigantea* gehören, besitzt eine hohe Homologie von 83% bis 99%, während die zweite Gruppe mit Vertretern wie *Phanerochaete chrysosporium* und *Tricholoma matsutake* weit geringere Sequenzhomologien von 35% bis 53% untereinander und zur ersten Gruppe aufweist. Die heterologe Expression der P2Ox bringt meist ein um elf Aminosäuren verlängertes Polypeptid hervor verglichen mit dem nativen Enzym, welches bei Aminosäure 38 beginnt. Dieses Phänomen wurde erstmals bei P2Ox aus *Coriolus versicolor* (Nishimura et al 1996) beobachtet. Bei der Expression der P2Ox aus *Trametes hirsuta* in *Aspergillus orizae* dagegen erhielt man eine P2Ox mit dem N-Terminus des nativen Enzyms (Christensen et al 2000). Aufgrund dieser Beobachtungen wurde das Vorhandensein einer Präprosequenz oder Signalsequenz postuliert, was durch die für Signalsequenzen untypische Aminosäurefolge bisher nicht bestätigt werden konnte (Hallberg et al 2004).

Die cDNA aus *P. gigantea* besitzt einen OFR von 1866 bp und kodiert damit für ein Polypeptid von 622 Aminosäuren, welches nicht nachweisbar glykosyliert ist (Bastian et al 2005). Es handelt sich um ein homotetrameres Flavoprotein mit einer Masse von 67 kDa pro Untereinheit, woraus sich eine Gesamtmasse von 268 kDa ergibt. Pro Untereinheit ist ein FAD-Molekül kovalent über die 8α-Methylgruppe am N3 des Histidin 167 gebunden, weshalb homogene Präparate die typischen Absorptionsmaxima bei 456 nm, 345 nm und 275 nm besitzen (Danneel et al 1993, Giffhorn 2000, Hallberg et al 2004). Durch die kovalente Bindung bleibt das Enzym auch in extrazellulärer Umgebung aktiv, in der nicht-kovalent gebundene Kofaktoren zur Diffusion neigen würden (Bannwarth et al 2004). Am N-Terminus besitzt das Enzym eine weitere, nicht-kovalente FAD-Bindestelle, die aus einem stark konservierten *Rossman fold* mit dem Wierenga-Bindungsmotiv G-X-G-X-X-G besteht (Giffhorn 2000, Wierenga et al 1983, Zamocky et al 2004). Die Struktur der P2Ox aus *Peniophora* sp. wurde aufgeklärt (Bannwarth et al 2004), ein Bändermodell der P2Ox aus *P. gigantea* wurde analog in Abbildung 2 dargestellt. Die einzelnen Untereinheiten bestehen aus einem länglichen Körper mit hervortretender, Serin- und Threoninreicher Kopfstruktur und einem an der Oligomerisierung beteiligten Arm (Hallberg et al 2004). Durch die Zusammenlagerung der Untereinheiten kommt es zur Bildung einer 15.000 Å großen, zentralen Höhle, deren postulierte Rolle in der Anreicherung von Substrat oder dem Zurückhalten unreduzierter, toxischer Chinone besteht (Hallberg et al 2004). Durch diese Höhle findet der Zutritt der Substrate zum aktiven Zentrum statt, die Weite der Zugangskanäle dazu beschränken das Substratspektrum auf überwiegend monomere Kohlenhydrate (Bannwarth et al 2004).

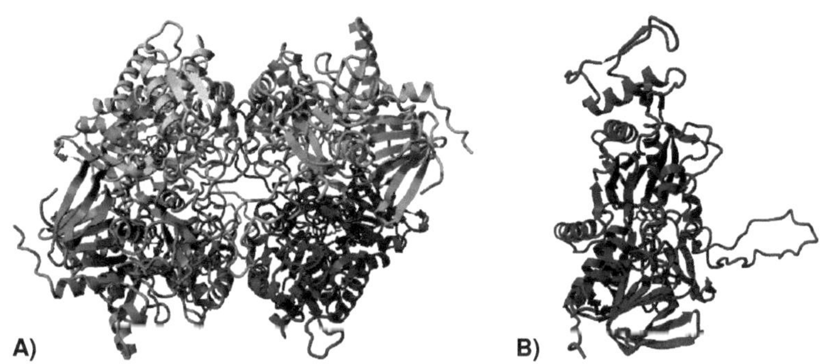

Abbildung 2: Das Homotetramer (A) und eine einzelne Untereinheit (B) rekombinanter P2Ox aus *Peniophora gigantea* in Bänderdarstellung. Das FAD ist in Stab-Darstellung gezeichnet. Die graphische Darstellung der Strukturdaten (Bannwarth et al., 2004) erfolgte mit YASARA Model, Version 8.12.9.

Die P2Ox aus *P. gigantea* besitzt eine gute Lagerstabilität und ein breites pH-Spektrum, wobei das pH-Optimum bei 6,0 - 6,5 in Phosphatpuffer bestimmt wurde. Der isoelektrische Punkt liegt bei pH 5,3 (Danneel et al 1993), das messbare Temperaturoptimum bei 45°C. Rasche Aktivitätsverluste werden durch wiederholtes Einfrieren (Danneel et al 1993) sowie hohe Konzentrationen an Wasserstoffperoxid beobachtet (Giffhorn 2000), weshalb letzteres in Biokonversionen durch Zugabe von Katalase entfernt wird. Die Hauptsubstrate der nativen P2Ox sind D-Glucose (K_m 1,1 mM), D-Xylose (K_m 29,4 mM) und L-Sorbose (K_m 50,0 mM). Dabei handelt es sich um apparente Werte, da der K_m der P2Ox für Sauerstoff bei 0,65 mM liegt und das Enzym daher in wässrigen Lösungen keine Sättigung und damit keine maximale Reaktionsgeschwindigkeit erreicht (Danneel et al 1993, Giffhorn 2000, Truesdale et al 1955).

Die Substrate der P2Ox werden anhand ihrer chemischen Eigenschaften in drei Gruppen unterteilt (Freimund et al 1998). Die bevorzugte, größte Gruppe wird an C-2 regioselektiv zu den korrespondierenden 2-Ketozuckern, den Osonen, oxidiert (vgl. Abbildung 3). Dazu gehören die Hauptsubstrate D-Glucose, D-Xylose und L-Sorbose, sowie weitere Monosaccharide und wenige Disaccharide. Letztere werden an ihrer α- oder β-(1-4)-Verknüpfung zu Monosacchariden hydrolysiert und diese an C-2 zum Oson oxidiert, ein Beispiel dazu stellen Maltose, Cellobiose und Lactose dar.

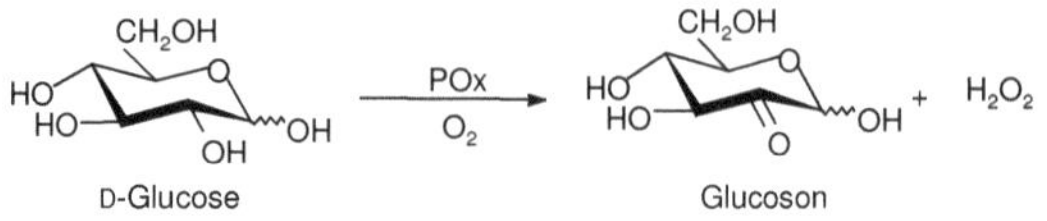

Abbildung 3: Regioselektive Oxidation von D-Glucose zu 2-Keto-D-glucose (Glucoson) durch die P2Ox.

Bei (1-6)-verknüpften Disacchariden wie der Gentiobiose findet keine Hydrolyse, sondern lediglich die C-2-Oxidation der reduzierten Zuckereinheit statt, α-(1-6)-verknüpfte Disaccharide stellen dabei sehr schlechte Substrate dar (Giffhorn 2000). Am effektivsten werden Substrate umgesetzt, die wie die D-Glucose einen sechsgliedrigen Pyranosering mit äquatorialer C2-Hydroxylgruppe und einem Ringsauerstoff besitzen (Giffhorn 2000). Eine zweite Substratgruppe umfasst monomere Kohlenhydrate, die an C-3 oxidiert werden, da die C-2-Position zur Oxidation nicht zur Verfügung steht. Dies ist unter anderem bei 2-Desoxy-D-glucose und verschiedenen Methylpyranosiden der Fall. Die dabei entstehenden 2,3-Diketo-Derivate wurden erstmals bei Inkubation mit 1,5-Anhydro-D-glucitol beobachtet (Freimund et al 1998). Die Reaktion ist am Beispiel der 2-Desoxy-D-glucose in Abbildung 4 dargestellt.

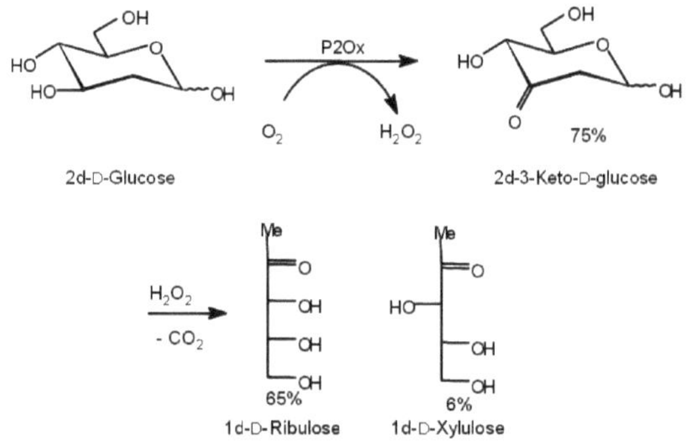

Abbildung 4: Oxidation von 2-Desoxy-D-glucose und anschließende Decarboxylierung zu Methylpentulosen (Freimund et al., 1998).

Je nach Gehalt an Wasserstoffperoxid im Reaktionsgemisch kommt es zur Weiterreaktion des Produktes zu einer β-Ketosäure, welche spontan zu Methyl-pentulosen decarboxyliert. Dabei entsteht ein Gemisch aus 1-Desoxy-D-ribulose und 1-Desoxy-D-xylulose (15:1) (Freimund et al 1998). Die dritte Gruppe potentieller

Substrate der P2Ox aus *P. gigantea* besteht aus den β-Glycosiden höherer Alkohole wie Hexyl-β-D-glucosid und 2-Nitrophenyl-β-D-glucosid. Diese werden nicht oxidiert, sondern durch die intrinsische Glykosyltransferase-Aktivität der P2Ox durch Transglykosylierung zu Disacchariden umgesetzt (Freimund et al 1998, Giffhorn 2000).
Die minimalen Anforderungen zur Enzym-Substratinteraktion wurden bereits 1998 anhand kinetischer und strukturspezifischer Daten aus den ersten beiden Substratgruppen erstellt (Freimund et al 1998) und später durch Kristallisation bestätigt (Hallberg et al 2004). Eine Co-Kristallisation der P2Ox aus *T. multicolor* mit 2-Fluoro-2-desoxy-D-glucose bestätigte die Hypothese, dass eine Rotation des C3-Substrates um eine Achse zwischen C5/O5 und C2/C3 stattfinden muss, um ähnliche Interaktionen mit dem Protein eingehen zu können wie bei der Oxidation an C2. Bevorzugt findet diese Interaktion zwischen dem endozyklischen Sauerstoff der Pyranose und der äquatorialen Hydroxylgruppe an C2 statt. Die OH-Gruppen an C1 und C6 dienen dabei der Stabilisierung der Position. Die Bevorzugung der C2-Oxidation hat dabei ihre Ursache nicht in der Orientierung zum FAD, sondern in sterischen Interaktionen mit Seitenketten des dynamischen Substratloops, welcher im geschlossenen Zustand die C3-Orientierung behindert (Kujawa et al 2006).

Anwendungspotential der P2Ox

Derivatisierungen von Zuckern und Zuckerbausteinen verlangen Umsetzungen mit hoher Enantio- und Regioselektivität. Hier bieten enzymatische Katalysatoren einen entscheidenden Vorteil gegenüber chemischen, da sie als erneuerbare Rohstoffe nicht nur eine umweltfreundlichere und biologisch abbaubare Alternative darstellen, sondern die Durchführung industrieller Prozesse unter milderen Konditionen ermöglichen. Sie besitzen sowohl hohe Spezifität wie auch Enantioselektivität und ermöglichen somit eine Produktreinheit, die insbesondere für die Herstellung von Medikamenten zur Effektivität und zur Vermeidung von Nebenwirkungen entscheidend ist (Cherry & Fidantsef 2003, Reetz & Jaeger 2000). Pyranose-2-Oxidasen stellen interessante Biokatalysatoren dar, für die es zahlreiche Anwendungen in der synthetischen Kohlenhydratchemie gibt (Freimund et al 1998, Giffhorn 2000, Volc et al 1999). Die Produkte der P2Ox, wie das D-Xyloson, stellen ein Ausgangsmaterial zur Entwicklung von Antitumoragenzien dar (Ahmed et al 1999, Kühn et al 2005). D-Glucoson dient als Ausgangssubstanz für viele chemoenzymatische Synthesen (Giffhorn 2000), wie die katalytische Hydrierung von

Glucoson zu D-Fructose im sogenannten „Cetus-Prozess“ (Freimund et al 1998, Geigert et al 1983). Durch Oxidation kann Glucoson zu 2,3-Diketo-D-glucose umgesetzt (Giffhorn 2000) oder im Basischen zu D-Mannolacton umgelagert werden (Lindberg & Theander 1968). Durch zwei Dehydratisierungen entsteht aus Glucoson das von Weißfäulepilzen auch in der Natur gebildete ß-Pyron-Antibiotikum Cortalceron (de Koker et al 2004, Volc et al 1991). Das beim Umsatz von D-Galactose von der P2Ox gebildete D-Galactoson kann durch katalytische Hydrierung zu dem kalorienarmen Süßstoff D-Tagatose umgesetzt werden (Kim 2004). Aus von der P2Ox gebildeten Produkten können durch chemische und/oder enzymatische Synthesen seltene Zucker dargestellt werden (Freimund et al 1998, Giffhorn 2000, Volc et al 1999). Ein Beispiel für eine solche gekoppelte Redoxreaktion ist die stereoselektive Reduktion des von der P2Ox aus D-Xylose hergestellten D-Xylosons durch die Anhydrofructose-Reductase (AFR) zu D-Lyxose, einem interessanten Ausgangsmaterial zur Entwicklung von Antitumoragenzien (Ahmed et al 1999, Giffhorn & Kühn 2004). Daneben stellen desoxygenierte Zucker wie die 2-Desoxy-D-glucose interessante Substrate dar. Dieser in der bildlichen Darstellung von Tumoren als Tracer verwendete (Schaider et al 1996, Vansteenkiste & Stroobants 2001) und das Wachstum von Krebszellen hemmende Zucker (Cay et al 1992, Lecklin et al 1994) wirkt nicht nur selbst als Virostatikum (Maehama et al 1998), sondern wird von der P2Ox in medizinisch interessante Produkte umgesetzt (vgl. Abbildung 4). Das durch C3-Oxidation entstehende und chemisch schwer zu synthetisierende 3-Keto-Derivat, welches in Anwesenheit eines starken Oxidans wie Wasserstoffperoxid weiter zu der zu spontaner Decarboxylierung neigenden 2-Desoxy-3-keto-gluconsäure oxidiert, führt schließlich zu den isomeren Methylpentulosen 1-Desoxy-D-ribulose und 1-Desoxy-D-xylulose (Freimund et al 1998). Daraus können effektive Glycosidasehemmer in Form von 1-Desoxy-azazuckern mit antiviraler und anti-diabetischer Wirkung hergestellt werden (Kato et al 2005). 1-Desoxy-D-xylulose ist außerdem ein Intermediat des mevalonsäure-unabhängigen Biosynthesewegs von Isoprenoiden in Pflanzen und mehreren Mikroorganismen wie dem Malariaerreger *Plasmodium falciparum* (Lange & Croteau 1999, Rohmer 1999). Daher stellt die enzymatische Darstellung von Methylpentulosen eine Möglichkeit dar, in diesen Syntheseweg pathogener Mikroorganismen einzugreifen (Jomaa et al 1999). Ein weiterer Ansatzpunkt ist die erhöhte Glucoseaufnahme infizierter Zellen, wobei ebenfalls 1-Desoxy-azazucker zum Einsatz kommen (Ohmori et al 2004).

Um das vielseitige Synthesepotential der P2Ox in der Kohlenhydratchemie zum Einsatz zu bringen und das Spektrum um bislang schlecht verwertete Substrate zu erweitern, bedarf es der Optimierung des Enzyms und der Anpassung an groß-technische Belange.

Proteinengineering

Im Laufe der Evolution wurden Enzyme an ihre Aufgaben *in vivo* perfekt angepasst, was häufig aus Gründen der zelleigenen Regulation eine eingeschränkte Stabilität und Aktivität bedeutet. Insbesondere der Mechanismus der Sauerstoffinaktivierung durch Oxidation (Wang et al 2001) und die Anpassung an mesophile Temperaturen stellen dabei für Industrieprozesse ungünstige Eigenschaften dar. Aktivität in organischen Lösemitteln oder in extremen pH-Bereichen tritt aufgrund des fehlenden Selektionsdrucks in der Natur selten auf (Sheldon 1999). Daher werden Enzyme zur Anpassung an den jeweiligen Prozess und zur Steigerung der Effektivität durch verschiedene Mechanismen optimiert, wobei man zwischen zwei Ansatz-möglichkeiten unterscheidet. Das zufallsgerichtete Proteindesign, welches die Mechanismen der natürlichen Evolution nachahmt, kommt ohne Strukturdaten aus und verlangt lediglich nach einem effektiven Selektions- oder Screeningsystem (Arnold et al 2001, Chica et al 2005, Shao & Arnold 1996). Hier werden mit Hilfe von Methoden wie DNA-*shuffling* (Stemmer 1994), *staggered extension* (StEP) (Zhao et al 1998) oder *error prone*-PCR (Leung et al 1989) zufällige Mutationen eingeführt oder zwischen verwandten Genen neu verteilt. Dazu wird bei der *error prone*-PCR die natürliche Fehlerrate der *Taq*-Polymerase ausgenutzt und durch Veränderung des PCR-Ansatzes moduliert (Jaeger & Reetz 2000), wobei eine Beschränkung auf gewisse Aminosäureaustausche besteht (*bias*) (Wong et al 2006a) und immer das komplette Gen der Mutagenese ausgesetzt ist. Mit dieser Methode wurde bei der P2Ox aus *Peniophora gigantea* ein Aminosäuraustausch an Position K312 nach Glutamat gefunden, der die katalytische Effizienz des Enzyms stark verbesserte (Bastian et al 2005). Durch DNA-*shuffling* der kompletten Gensequenz der P2Ox aus *Trametes pubescens* und *T. ochracea* wurden Untersuchungen zur Hydrophobizität des Enzyms vorgenommen (Maresova et al 2007).

Bei Vorhandensein von Strukturdaten und Struktur/Funktions-Beziehungen des Zielproteins ist ein rationales Proteindesign möglich (Chica et al 2005), bei dem mit Methoden der Bioinformatik und der ortsgerichteten Mutagenese gezielt einzelne

Aminosäuren oder Bereiche ausgetauscht werden. So wurde unter anderem versucht, die Substratpräferenz der P2Ox aus *T. multicolor* durch Austausch des Threonin 169 im aktiven Zentrum nach D-Galactose zu verschieben (Spadiut et al 2008). Durch rationales Design eines Substratloops ähnlich dem der P2Ox wurde die Substratspezifität der D-Aminosäure-Oxidase variiert (Setoyama et al 2006). In den letzten Jahren hat sich dagegen ein Ansatz aus rationalem und zufallsgerichtetem Design etabliert, bei dem zufällig generierte Mutationen per DNA-*shuffling* und/oder gezielten Aminosäureaustausch kombiniert werden (Cherry & Fidantsef 2003, Chica et al 2005, Scopes et al 1998). Auf diese Weise wurde in P2Ox aus *C. versicolor* ein zufälliger, die Thermostabilität steigernder Aminosäureaustausch an Position E542 durch Lysin durch *error prone*-PCR generiert (Masuda-Nishimura et al 1999) und dieser Effekt durch ortsgerichtete Mutagenese an identischer Position in P2Ox aus *P. gigantea* wiederholt (Bastian et al 2005). Eine solche Kombination von rationalem und zufallsgerichtetem Proteindesign, die als halb-rationeller Ansatz bezeichnet wird, stellen auch die Sättigungsmutagenese (Spadiut et al 2009b) oder das CASTing (Combinatorial active-site saturation test) dar, bei denen ein zufälliger Austausch einer ausgewählten Aminosäure stattfindet (Bartsch et al 2008, Reetz et al 2005).

Ziele dieser Arbeit

Im Rahmen dieser Arbeit sollte die thermostabile, mit einem His-Tag versehene Variante P2OxB2H aus *Peniophora gigantea* mittels Zufallsmutagenese und rationalem Design in ihrer katalytischen Effizienz gegenüber vom Wildtyp schlecht verwerteten Substraten verbessert und ihre Stabilität den Ansprüchen der Prozess-technik angepasst werden. Durch Einsatz verschiedener Anzuchtbedingungen und Expressionssysteme sollten außerdem Enzymausbeute und -Faltung unter Reduktion unlöslicher Enzymaggregate optimiert werden.

II Material und Methoden

1 Organismen, Vektoren, Plasmide und Primer

1.1 Organismen

Tabelle 1: Verwendete Stämme (d.A. = diese Arbeit).

Stamm	Genotyp/ Phänotyp	Bezugsquelle
E. coli BL21(DE3)	F^- *ompT hsdS*$_B$($r_B^- m_B^-$) *gal dcm* (DE3)	Novagen
E. coli BL21Gold(DE3)	F^- *ompT hsdS*$_B$($r_B^- m_B^-$) *dcm*$^+$ Tet^r *gal* (DE3) *endA* Hte	Stratagene
E. coli BL21Gold(DE3)pLysS	B F^- *omp T hsdS*$_B$($r_B^- m_B^-$) *dcm*$^+$ Tet^r *gal* λ(DE3) *endA* Hte [pLysS Cam^r]	Stratagene
BL21Gold(DE3)pET[pP2OxBH]	mit 7,2 kb Plasmid pP2OxBH	S. Dorscheid (Diplom)
BL21Gold(DE3)pET[pP2OxB1H]	mit 7,2 kb Plasmid pP2OxB1H	S. Dorscheid (Diplom)
BL21Gold(DE3)pET[pP2OxB2H]	mit 7,2 kb Plasmid pP2OxB2H	S. Dorscheid (Diplom)
BL21Gold(DE3)pET[pP2OxB3H]	mit 7,2 kb Plasmid pP2OxB3H	S. Dorscheid (Diplom)
BL21Gold(DE3)pLysS[pP2OxB1H]	mit 7,2 kb Plasmid pP2OxB1H	d. A.
BL21Gold(DE3)pLysS[pP2OxB2H]	mit 7,2 kb Plasmid pP2OxB2H	d. A.
BL21Gold(DE3)pG-KJE8	Mit 11,1 kb Plasmid pG-KJE8	d. A.
BL21Gold(DE3)pGro7	Mit 5,4 kb Plasmid pGro7	d. A.
BL21Gold(DE3)pG-Tf2	Mit 8,3 kb Plasmid pG-Tf2	d. A.
BL21Gold(DE3)pKJE	Mit 7,2 kb Plasmid pKJE	d. A.
BL21Gold(DE3)pTf16	Mit 5 kb Plasmid pTf16	d. A.

BL21Gold(DE3)pET[pP2OxB2H]pG-KJE8	Mit 11,1 kb Plasmid pG-KJE8 und 7,2 kb Plasmid pP2OxB2H	d. A.
BL21Gold(DE3)pET[pP2OxB2H]pGro7	Mit 5,4 kb Plasmid pGro7 und 7,2 kb Plasmid pP2OxB2H	d. A.
BL21Gold(DE3)pET[pP2OxB2H]pG-Tf2	Mit 8,3 kb Plasmid pG-Tf2 und 7,2 kb Plasmid pP2OxB2H	d. A.
BL21Gold(DE3)pET[pP2OxB2H]pKJE	Mit 7,2 kb Plasmid pKJE und 7,2 kb Plasmid pP2OxB2H	d. A.
BL21Gold(DE3)pET[pP2OxB2H]pTf16	Mit 5 kb Plasmid pTf16 und 7,2 kb Plasmid pP2OxB2H	d. A.
BL21Gold(DE3)pET[pP2OxB2H1]pTf16	Mit 5 kb Plasmid pTf16 und 7,2 kb Plasmid pP2OxB2H1	d. A.
BL21Gold(DE3)pET[pP2OxB2HA590P]	mit 7,2 kb Plasmid pP2OxB2HA590P	d. A.
BL21Gold(DE3)pET[pP2OxB2HS456N]	mit 7,2 kb Plasmid pP2OxB2HS456N	d. A.
BL21Gold(DE3)pET[pP2OxB2HS456H]	mit 7,2 kb Plasmid pP2OxB2HS456H	d. A.
BL21Gold(DE3)pET[pP2OxB2HS456G]	mit 7,2 kb Plasmid pP2OxB2HS456G	d. A.
BL21Gold(DE3)pET[pP2OxB2HS456C]	mit 7,2 kb Plasmid pP2OxB2HS456C	d. A.
BL21Gold(DE3)pET[pP2OxB3HS456N]	mit 7,2 kb Plasmid pP2OxB3HS456N	d. A.
BL21Gold(DE3)pET[pP2OxB3HS456H]	mit 7,2 kb Plasmid pP2OxB3HS456H	d. A.
BL21Gold(DE3)pET[pP2OxB3HS456G]	mit 7,2 kb Plasmid pP2OxB3HS456G	d. A.
BL21Gold(DE3)pET[pP2OxB3HS456C]	mit 7,2 kb Plasmid pP2OxB3HS456C	d. A.

BL21Gold(DE3)pET[pP2OxB2HA590PS456N]	mit 7,2 kb Plasmid pP2OxB2HA590PS456N	d. A.
BL21Gold(DE3)pET[pP2OxB2HA590PS456H]	mit 7,2 kb Plasmid pP2OxB2HA590PS456H	d. A.
BL21Gold(DE3)pET[pP2OxB2HA590PS456G]	mit 7,2 kb Plasmid pP2OxB2HA590PS456G	d. A.
BL21Gold(DE3)pET[pP2OxB2HA590PS456C]	mit 7,2 kb Plasmid pP2OxB2HA590PS456C	d. A.
BL21Gold(DE3)pET[pP2OxB2HMut1]	mit 7,2 kb Plasmid pP2OxB2HMut1	d. A.
BL21Gold(DE3)pET[pP2OxB2HMut2]	mit 7,2 kb Plasmid pP2OxB2HMut2	d. A.
BL21Gold(DE3)pET[pP2OxB2H1]	mit 7,2 kb Plasmid pP2OxB2H1	d. A.
BL21Gold(DE3)pET[pP2OxB2HT169A]	mit 7,2 kb Plasmid pP2OxB2HT169A	d. A.
BL21Gold(DE3)pET[pP2OxB2HT169G]	mit 7,2 kb Plasmid pP2OxB2HT169G	d. A.
BL21Gold(DE3)pET[pP2OxB2HT169S]	mit 7,2 kb Plasmid pP2OxB2HT169S	d. A.
BL21Gold(DE3)pET[pP2OxB2HM164Q]	mit 7,2 kb Plasmid pP2OxB2HM164Q	d. A.
BL21Gold(DE3)pET[pP2OxB2HHydro1]	mit 7,2 kb Plasmid pP2OxB2HHydro1	d. A.
BL21Gold(DE3)pET[pP2OxB2HHydro2]	mit 7,2 kb Plasmid pP2OxB2HHydro2	d. A.
BL21Gold(DE3)pET[pP2OxB2HHydro3]	mit 7,2 kb Plasmid pP2OxB2HHydro3	d. A.
BL21Gold(DE3)pET[pP2OxB2HHydro4]	mit 7,2 kb Plasmid pP2OxB2HHydro4	d. A.
BL21Gold(DE3)pET[pP2OxB2HHydro5]	mit 7,2 kb Plasmid pP2OxB2HHydro5	d. A.
BL21Gold(DE3)pET[pP2OxB2HHydro6]	mit 7,2 kb Plasmid pP2OxB2HHydro6	d. A.

1.2 Vektoren und Plasmide

Tabelle 2: Eingesetzte Vektoren und Plasmide (d.A. = diese Arbeit).

Vektor/ Plasmid	kb	Eigenschaften	Exprimiertes Enzym	Quelle
pET24a(+)	5,31	Expressionsvektor für *E. coli*, *Kan*^{R}	-	Novagene
pP2OxB1H	7,2	pET24a(+) mit P2OxB1H	P2OxB1H	S. Dorscheid (Diplom)
pP2OxB2H	7,2	pET24a(+) mit P2OxB2H	P2OxB2H	S. Dorscheid (Diplom)
pP2OxB3H	7,2	pET24a(+) mit P2OxB3H	P2OxB3H	S. Dorscheid (Diplom)
pG-KJE8	11,1	*araB, araC, Cm*^{R}*, pACYC ori, Pzt-1, rrnBT1T2, Tet*^{R}	DnaK/DnaJ/ GrpE, GroES/GroEL	Takara Bio Inc.
pGro7	5,4	*araB, araC, Cm*^{R}*, pACYC ori*	GroES/GroEL	Takara Bio Inc.
pKJE7	7,2	*araB, araC, Cm*^{R}*, pACYC ori*	DnaK/DnaJ/ GrpE	Takara Bio Inc.
pG-Tf2	8,3	*Pzt-1, Tet*^{R}*, Cm*^{R}*, pACYC ori*	GroES/GroEL, Trigger Factor	Takara Bio Inc.
pTf16	5,0	*araB, araC, Cm*^{R}*, pACYC ori*	Trigger Factor	Takara Bio Inc.
pP2OxB2HA590P	7,2	pET24a(+) mit P2OxB2HA590P	P2OxB2HA590P	d. A.
pP2OxB2HS456N	7,2	pET24a(+) mit P2OxB2HS456N	P2OxB2HS456N	d. A.
pP2OxB2HS456H	7,2	pET24a(+) mit P2OxB2HS456H	P2OxB2HS456H	d. A.
pP2OxB2H S456G	7,2	pET24a(+) mit P2OxB2HS456G	P2OxB2HS456G	d. A.
pP2OxB2HS456C	7,2	pET24a(+) mit P2OxB2HS456C	P2OxB2HS456C	d. A.
pP2OxB3HS456N	7,2	pET24a(+) mit P2OxB3HS456N	P2OxB3HS456N	d. A.

pP2OxB3HS456H	7,2	pET24a(+) mit P2OxB3HS456H	P2OxB3HS456H	d. A.
pP2OxB3H S456G	7,2	pET24a(+) mit P2OxB3HS456G	P2OxB3HS456G	d. A.
pP2OxB3HS456C	7,2	pET24a(+) mit P2OxB3HS456C	P2OxB3HS456C	d. A.
pP2OxB2HA590P S456N	7,2	pET24a(+) mit P2OxB2HA590PS456N	P2OxB2HA590P S456N	d. A.
pP2OxB2HA590P S456H	7,2	pET24a(+) mit P2OxB2HA590PS456H	P2OxB2HA590P S456H	d. A.
pP2OxB2HA590P S456G	7,2	pET24a(+) mit P2OxB2HA590PS456G	P2OxB2HA590P S456G	d. A.
pP2OxB2HA590P S456C	7,2	pET24a(+) mit P2OxB2HA590PS456C	P2OxB2HA590P S456C	d. A.
pP2OxB2HMut1	7,2	pET24a(+) mit P2OxB2HMut1	P2OxB2HMut1	d. A.
pP2OxB2HMut2	7,2	pET24a(+) mit P2OxB2HMut2	P2OxB2HMut2	d. A.
pP2OxB2H1	7,2	pET24a(+) mit P2OxB2H1	P2OxB2H1	d. A.
pP2OxB2HT169A	7,2	pET24a(+) mit P2OxB2HT169A	P2OxB2HT169A	d. A.
pP2OxB2HT169G	7,2	pET24a(+) mit P2OxB2HT169G	P2OxB2HT169G	d. A.
pP2OxB2HT169S	7,2	pET24a(+) mit P2OxB2HT169S	P2OxB2HT169S	d. A.
pP2OxB2H M164Q	7,2	pET24a(+) mit P2OxB2HM164Q	P2OxB2H-M164Q	d. A.
pP2OxB2H Hydro1	7,2	pET24a(+) mit P2OxB2HHydro1	P2OxB2H-Hydro1	d. A.
pP2OxB2H Hydro2	7,2	pET24a(+) mit P2OxB2HHydro2	P2OxB2H-Hydro2	d. A.
pP2OxB2H Hydro3	7,2	pET24a(+) mit P2OxB2HHydro3	P2OxB2H-Hydro3	d. A.
pP2OxB2H Hydro4	7,2	pET24a(+) mit P2OxB2HHydro4	P2OxB2H-Hydro4	d. A.
pP2OxB2H Hydro5	7,2	pET24a(+) mit P2OxB2HHydro5	P2OxB2H-Hydro5	d. A.
pP2OxB2H Hydro6	7,2	pET24a(+) mit P2OxB2HHydro6	P2OxB2H-Hydro6	d. A.

1.3 Primer

Tabelle 3: Eingesetzte Primer (Sigma Aldrich).

Bezeichnung	bp	Nucleotidsequenz (5' → 3')	T_m °C
ExkP2Ox_for	43	AACAACCACCCCGCGCACATATGTCGGCCAGCTCG AGTGACCC	86
P2Ox_NdeI_for*†	43	TTTAAGAAGGAGATATACATATGTCGGCCAGCTCGA GTGACCC	74
ExkP2OxHis_rev	45	GAATTCGGATCCTCAGTGGTGGTGGTGGTGGTGGT TGTGGTGCTT	83
P2Ox_HisBamHI_rev *†	46	GAATCATGGATCCTCAGTGGTGGTGGTGGTGGTGG TTGTGGTGCTT	83
pET_gene_rev*†	27	CCGTTTAGAGGCCCCAAGGGGTTATGC	68
P2Ox600for*	30	GAGTGGGACAGGCTCTACAAGAAGGCCGAG	69
P2Ox745for*	17	AGGAGTACAAGGGCGTG	49
P2Ox1500rev*	29	CCGTGATCTTGTCCGAGAACCATAGCTTGT	67
CastD453S456_for	50	GCACACTCAGATCCACCGCNNTGCCTTCNNTTACG GCGCCGTGCAGCAGA	89
CastD453S456_rev	50	TCTGCTGCACGGCGCCGTAANNGAAGGCANNGCG GTGGATCTGAGTGTGC	89
CastV544H546_for	51	CAGTTCATGGAGCCCGGTCTTNNTCTGNNTCTTGG TGGGACGCACCGCATG	87
CastV544H546_rev	51	CATGCGGTGCGTCCCACCAAGANNCAGANNAAGAC CGGGCTCCATGAACTG	87
CastA590N591_for	31	CCGCGTACGCCNNTNNTCCGACGCTCACCGC	84
CastA590N591_rev	31	GCGGTGAGCGTCGGANNANNGGCGTACGCGG	84
CastQ449H451for	45	TCGCACCCGTGGCACACTNNTATCNNTCGCGACGC CTTCAGCTAC	88
CastQ449H451rev	45	GTAGCTGAAGGCGTCGCGANNGATANNAGTGTGCC ACGGGTGCGA	88
CastT169C170_for	48	GGCGGCATGTCTACGCACTGGNNTNNTGCGACGC CGCGCTTCGAGAAG	89
CastT169C170_rev	48	CTTCTCGAAGCGCGGCGTCGCANNANNCCAGTGC GTAGACATGCCGCC	89
P2OxA590Pfor	31	CCGCGTACGCCCCGAACCCGACGCTCACCGC	84

P2OxN71Y_for	29	TTGAGGCCGGCTTCTACGTCGCCATGTTC	81
P2OxN71Y_rev	29	GAACATGGCGACGTAGAAGCCGGCCTCAA	81
P2OxT169A_for	25	TCTACGCACTGGGCGTGCGCGACGC	75
P2OxT169A_rev	25	GCGTCGCGCACGCCCAGTGCGTAGA	75
P2OxT169G_for	28	GTCTACGCACTGGGGGTGCGCGACGCCG	79
P2OxT169G_rev	28	CGGCGTCGCGCACCCCCAGTGCGTAGAC	79
P2OxT169S_for	25	TCTACGCACTGGTCGTGCGCGACGC	72
P2OxT169S_rev	25	GCGTCGCGCACGACCAGTGCGTAGA	72
P2OxMut_T378K_ A379S_G385G_for	46	TCAACAGCGTCAAGTCCGATATGACCATTGTCGGC AAGCCGGGCGA	86
P2OxMut_T378K_ A379S_G385G_rev	46	TCGCCCGGCTTGCCGACAATGGTCATATCGGACTT GACGCTGTTGA	86
P2OxMut_T395S_ S398P_for	40	GACTATAGCGTCAGCTACACCCCCGGCAGCCCGAA CAACA	80
P2OxMut_T395S_ S398P_rev_neu	40	TGTTGTTCGGGCTGCCGGGGGTGTAGCTGACGCTA TAGTC	80
P2OxHydro1_for	34	CGAGCTCGTTGAGTCCGGCTACAACGTCGCCATG	78
P2OxHydro1_rev	34	CATGGCGACGTTGTAGCCGGACTCAACGAGCTCG	78
P2OxHydro2_for	34	GAGCTCGGCGCACACCTCGTTCGATCTCGAGAAC	77
P2OxHydro2_rev	34	GTTCTCGAGATCGAACGAGGTGTGCGCCGAGCTC	77
P2OxHydro3_for	39	GCCGAAGCAGCGCTTCAATACCTACCCCTCCGTCG CGTG	82
P2OxHydro3_rev	39	CACGCGACGGAGGGGTAGGTATTGAAGCGCTGCTT CGGC	82
P2OxHydro4_for	40	GCGCAATGACGCGAACTCGGAGACCACCGGCCTG GATGTC	85
P2OxHydro4_rev	40	GACATCCAGGCCGGTGGTCTCCGAGTTCGCGTCAT TGCGC	85
P2OxHydro5_for	44	GACCCCGCCAAGCCGACGCCGTCTACGACGCCGT ACCTGGGGAC	89
P2OxHydro5_rev	44	GTCCCCAGGTACGGCGTCGTAGACGGCGTCGGCT TGGCGGGGTC	89
P2OxHydro6_for	48	CCGACTCACGCGTCTTCGGCTACAAGAACACCTAC ACCGGCGGCTGCG	88
P2OxHydro6_rev	48	CGCAGCCGCCGGTGTAGGTGTTCTTGTAGCCGAAG ACGCGTGAGTCGG	88

P2OxM164Q_for	31	GCGTCGTCGGCGGCCAGTCTACGCACTGGAC	79
P2OxM164Q_rev	31	GTCCAGTGCGTAGACTGGCCGCCGACGACGC	79
P2OxM164F_for	31	GCGTCGTCGGCGGCTTTTCTACGCACTGGAC	76
P2OxM164F_rev	31	GTCCAGTGCGTAGAAAAGCCGCCGACGACGC	76
P2OxM164L_for	31	GCGTCGTCGGCGGCCTGTCTACGCACTGGAC	79
P2OxM164L_rev	31	GTCCAGTGCGTAGACAGGCCGCCGACGACGC	79
P2OxM164I_for	31	GCGTCGTCGGCGGCATTTCTACGCACTGGAC	77
P2OxM164I_rev	31	GTCCAGTGCGTAGAAATGCCGCCGACGACGC	77
P2OxM164V_for	31	GCGTCGTCGGCGGCGTGTCTACGCACTGGAC	80
P2OxM164V_rev	31	GTCCAGTGCGTAGACACGCCGCCGACGACGC	80
P2OxM164S_for	31	GCGTCGTCGGCGGCTCTTCTACGCACTGGAC	77
P2OxM164S_rev	31	GTCCAGTGCGTAGAAGAGCCGCCGACGACGC	77
P2OxM164P_for	31	GCGTCGTCGGCGGCCCGTCTACGCACTGGAC	81
P2OxM164P_rev	31	GTCCAGTGCGTAGACGGGCCGCCGACGACGC	81
P2OxM164T_for	31	GCGTCGTCGGCGGCACCTCTACGCACTGGAC	79
P2OxM164T_rev	31	GTCCAGTGCGTAGAGGTGCCGCCGACGACGC	79
P2OxM164A_for	31	GCGTCGTCGGCGGCGCGTCTACGCACTGGAC	82
P2OxM164A_rev	31	GTCCAGTGCGTAGACGCGCCGCCGACGACGC	82
P2OxM164Y_for	31	GCGTCGTCGGCGGCTATTCTACGCACTGGAC	75
P2OxM164Y_rev	31	GTCCAGTGCGTAGAATAGCCGCCGACGACGC	75
P2OxM164H_for	31	GCGTCGTCGGCGGCCATTCTACGCACTGGAC	78
P2OxM164H_rev	31	GTCCAGTGCGTAGAATGGCCGCCGACGACGC	78
P2OxM164N_for	31	GCGTCGTCGGCGGCAACTCTACGCACTGGAC	78
P2OxM164N_rev	31	GTCCAGTGCGTAGAGTTGCCGCCGACGACGC	78
P2OxM164K_for	31	GCGTCGTCGGCGGCAAATCTACGCACTGGAC	77
P2OxM164K_rev	31	GTCCAGTGCGTAGATTTGCCGCCGACGACGC	77
P2OxM164D_for	31	GCGTCGTCGGCGGCGATTCTACGCACTGGAC	79
P2OxM164D_rev	31	GTCCAGTGCGTAGAATCGCCGCCGACGACGC	79
P2OxM164E_for	31	GCGTCGTCGGCGGCGAATCTACGCACTGGAC	79
P2OxM164E_rev	31	GTCCAGTGCGTAGATTCGCCGCCGACGACGC	79
P2OxM164C_for	31	GCGTCGTCGGCGGCTGCTCTACGCACTGGAC	79
P2OxM164C_rev	31	GTCCAGTGCGTAGAGCAGCCGCCGACGACGC	79
P2OxM164W_for	31	GCGTCGTCGGCGGCTGGTCTACGCACTGGAC	79
P2OxM164W_rev	31	GTCCAGTGCGTAGACCAGCCGCCGACGACGC	79
P2OxM164R_for	31	GCGTCGTCGGCGGCCGTTCTACGCACTGGAC	80
P2OxM164R_rev	31	GTCCAGTGCGTAGAACGGCCGCCGACGACGC	80

P2OxM164G_for	31	GCGTCGTCGGCGGCGGCTCTACGCACTGGAC	81
P2OxM164G_rev	31	GTCCAGTGCGTAGAGCCGCCGCCGACGACGC	81

T_m = melting temperature = Schmelztemperatur; *zur Sequenzierung eingesetzt

† = zur *Colony*-PCR eingesetzt

2 Nährmedien

Alle Medien wurden bei 121°C für 20 min autoklaviert. Zur Herstellung von Festmedien wurde den Medien 1,6% Agar (w/v) zugefügt. Nicht autoklavierbare Zusätze, wie z. B. Antibiotika, wurden sterilfiltriert (0,2 µm Porengröße, Minisart, Sartorius) und den Medien nach dem Autoklavieren zugefügt. Sofern nicht anders angegeben beziehen sich alle Angaben auf 1 l deionisiertes Wasser.

2.1 Nährmedien für *E. coli*

LB-Medium (pH 7,0)

Pepton aus Casein	10 g
Hefeextrakt	5 g
NaCl	10 g
Glucose	1 g

Pepton/Tryptonmedium (pH 7,0)

Glucose	2,5 g
Trypton/ Pepton	17 g
Soja-Pepton	3 g
NaCl	5 g
K_2HPO_4	2,5 g

Basismedium für Hochzelldichtefermentation
(modifiziert nach Riesenberg et al., 1991)

KH_2PO_4	13,5 g	
$(NH_4)_2HPO_4$	4,0 g	
$MgSO4 \cdot 7\ H_2O$	1,4 g	*
Citrat	1,7 g	
Spurenelementelösung	10,0 ml	*
Glucose-Monohydrat	20,0 g	*

SOC-Medium (pH 7,0)

Trypton	2,0 %
Hefeextrakt	0,5 %
NaCl	10 mM
KCl	2,5 mM
$MgCl_2$	10 mM
$MgSO_4$	10 mM
Glucose	20 mM

Overnight Express-Medium (ZYP)
(nach Studier et al. 2005)

Trypton	15,0 g	
Hefeextrakt	5,0 g	
Na_2HPO_4	7,1 g	
KH_2PO_4	6,8 g	
$(NH_4)_2SO_4$	3,3 g	
$MgSO_4$	0,18 g	
Spurenelementelösung	0,2 ml	*
Glycerol	5,0 ml	
Glucose	0,5 g	
Lactose	2,0 g	

*separat autoklaviert und anschließend zugegeben

3 Puffer und Lösungen

Antibiotika und Lösungen als Zusatz zu Medien

Antibiotika und Lösungen wie IPTG und X-Gal wurden sterilfiltriert und den autoklavierten Medien nach dem Abkühlen steril zugesetzt bzw. auf die gegossenen Agarplatten ausplattiert und dort eintrocknen gelassen.

Tabelle 4: Den Medien zugesetzte Antibiotika und andere Chemikalien.

Substanz	Stammlösung	Lösungsmittel	Endkonzentration	Bezugsquelle
L-Arabinose	100 mg/ml	$H_2O_{deion.}$	0,5 mg/ml	Fluka
Kanamycinsulfat	50 mg/ml	$H_2O_{deion.}$	50 µg/ml	Serva
Tetracyclin	5 µg/ml	Ethanol	5 ng/ml	Roth
Chloramphenicol	30 mg/ml	Ethanol	50 µg/ml	Boehringer
IPTG	100 mM	$H_2O_{deion.}$	0,1 bzw. 1 mM	Roth

Lösungen zur molekularbiologischen Anwendung wurden wenn nicht anders angegeben nach Sambrook und Mitarbeitern angesetzt (Sambrook et al 1989).

4 Größenstandards, Enzyme, Kits, und Chemikalien

4.1 Größenstandards

Tabelle 5: Verwendete Größenstandards.

Bezeichnung	**Bezugsquelle**	**Ort**
GeneRuler 1kb-DNA-Leiter	MBI Fermentas	St. Leon-Rot
Dual Color Protein-Marker 10-250 kDa	BioRad	München
Protein-Marker Servalyt Precotes 3-10 zur Isoelektrischen Fokussierung	Serva	Heidelberg

4.2 Enzyme

Tabelle 6: In den Experimenten eingesetzte Enzyme.

Enzym	Bezugsquelle	Ort
DNAse I	Roche	Mannheim
KOD-Polymerase *(T. kodakaraensis)*	Merck	Darmstadt
Taq-Polymerase *(T. aquaticus)*	Axon	Kaiserslautern
PfuTurbo®-Polymerase *(P. furiosus)*	Stratagene	Amsterdam
Proofstart-Polymerase *(Pyrococcus sp.)*	Qiagen	Hilden
T4-DNA-Ligase	Roche, AppliChem	Mannheim, Darmstadt
Restriktionsenzyme	Fermentas	St. Leon-Rot
Peroxidase	Roche/ Sigma	Mannheim
Katalase	Sigma-Aldrich	München

4.3 Kits

Tabelle 7: In den Experimenten eingesetzte Kits.

Kit	Bezugsquelle	Ort
QuikChange-Mutagenese-Kit	Stratagene	Amsterdam
KOD HotStart DNA Polymerase Kit	Novagen/ Merck	Darmstadt
Chaperon Plasmid Set	TaKaRa	Shiga/ Japan
peqGOLD Plasmid Miniprep Kit II	Peqlab	Erlangen
peqGOLD MicroSpin Gel Extraction Kit	Peqlab	Erlangen
Quantum Prep Freeze'n'Squeeze DNA Gel Extraction Spin Columns	BioRad	München
CycleReader™ Auto DNA Sequencing Kit	Fermentas	St. Leon-Rot
illustra TempliPhi® DNA Amplification Kit	GE Healthcare	Solingen

Zellaufschluss *E. coli*

Ultraschall 100 mM KH_2PO_4 (pH 7,0)
0,5 mg DNase I

Mikrotiterplatte 100 mM KH_2PO_4
0,5 mg DNase I
0,06 % Triton-X 100

P2Ox-Aktivitätstest (ABTS-Test)

ABTS 2,56 mM
Peroxidase 1,0 mg/ml
Glucose-Lösung 1,0 M
KH_2PO_4-Puffer 100 mM, pH 7,0

Plasmidisolierung (Birnboim, 1983)

Destabilisierungspuffer L1 pH 8,0:

RNase A	200,0 µg/ml
Tris-HCl	50,0 mM
EDTA	10,0 mM

Denaturierungspuffer L2 pH 8,0:

NaOH	200,0 mM
SDS	1,0 %

Präzipitationspuffer L3 pH 5,5:

Kaliumacetat	3,0 M

Agarose-Gelelektrophorese

10 x TBE (pH 8,0):

Tris	0,9 M
Borsäure	0,9 M
EDTA	25,0 mM

Probenpuffer (farbig):

Glycerin 50%	5 ml
Bromphenolblau	100 mg
TBE-Puffer	5 ml
$H_2O_{deion.}$	40 ml

Affinitätschromatographie (HisTrap)

Bindepuffer (pH 7,4):

NaH_2PO_4	0,02 M
NaCl	0,5 M

Elutionspuffer (pH 7,2):

NaH_2PO_4	0,02 M
NaCl	0,5 M
Imidazol	0,5 M

Proteinbestimmung nach Pierce

(Hartree, 1972)

50 Teile BCA	Herstellerangaben
1 Teil Cu_2SO_4	4% in H_2O_{deion}

BSA-Stammlösung:

Rinderserumalbumin	2,0 mg/ml in H_2O_{deion}

SDS-PAGE (Laemmli, 1970)

Acrylamidstammlösung	Herstellerangaben

Trenngel-Puffer (pH 8,8):

Tris	18,5 g
SDS	0,4 g
	ad 100 ml H_2O_{deion}

Sammelgel-Puffer (pH 6,8):

Tris	3,0 g
SDS	0,2 g
	ad 100 ml H_2O_{deion}

APS-Lösung:

Ammoniumpersulfat	0,1 g
	ad 1 ml H_2O

pH-Optimum/pH-Stabilität

NaAc (pH 3,0 - 5,5)	100 mM
KH_2PO_4 (pH 4,5 - 8,0)	100 mM
Tris-HCl (pH 7 - 9,5)	100 mM
CAPS (pH 9 - 13)	100 mM

Sonstige Lösungen: siehe P2Ox-Aktivitätstest

Isoelektrische Fokussierung

Petroleumbenzin	reinst
Anodenflüssigkeit	Herstellerangaben
Kathodenflüssigkeit	Herstellerangaben
Trichloressigsäure	20 % in H_2O
	400 mg/l in H_2O

Elektrodenpuffer (pH 8,3):

Tris	3,0 g
Glycin	14,4 g
SDS	1,0 g
	ad 1000 ml H_2O

Solubilisierungspuffer:

Glycerin	0,5 ml
Bromphenolblau	3 – 4 Kristalle
	1,0 ml Lösung F

Lösung F:

Tris	2,4 g
SDS	0,15 g
β-Mercaptoethanol	0,4 ml
	ad 40 ml H_2O

Fixierer:

Methanol	300 ml
Essigsäure in H_2O	75 ml
	ad 1000 ml H_2O

Färbelösung:

Coomassie Brilliant Blue R-250 1,0 % + Fixierer

Umpufferung/ Entsalzung

KH_2PO_4 (pH 7)	100 mM
	ad 1000 ml H_2O

Azidpuffer:

BisTris (pH 7)	50 mM
NaN_3	0,03%
	ad 1000 ml H_2O

Entfärbelösung:

H_2O_{deion}	50 %
Methanol	40 %
Eisessig	10 %

Färbelösung:

Serva Blue R	Herstellerangaben

Dünnschichtchromatographie

Fließmittel (Brechtel, 1995):

Aceton	400 ml
Butanol	500 ml
	ad 1000 ml H_2O

alternativ:

Phenol	800 g
	ad 1000 ml H_2O

Sprühreagenz (Huwig et al., 1994):

2,4-Dinitrophenyl-hydrazin	0,1 g
Ethanol	10,0 ml
$H_2SO_{4\ conc}$	2,0 ml
	ad 35 ml H_2O

alternativ:

p-Anisaldehyd	0,5 ml
Eisessig	10 ml
Methanol	85 ml
$H_2SO_{4\ conc}$	5 ml

4.4 Chemikalien und biogene Reagenzien

Die in dieser Arbeit verwendeten Chemikalien und biogene Reagenzien besaßen den höchsten Reinheitsgrad und wurden von Merck (Darmstadt), Sigma Aldrich (München), Serva (Heidelberg) und Roth (Karlsruhe) bezogen.
Die verwendeten Mono- und Disaccharide wurden im höchsten verfügbaren Reinheitsgrad von den Firmen Sigma Aldrich (München), AlphaAesar (Karlsruhe), Toroma Organics (Saarbrücken) und Merck (Darmstadt) bezogen.

5 Kultivierung und Lagerung

Die Kultivierung der verwendeten *E. coli*-Stämme (vgl. Tabelle 1) nach Transformation fand unter Selektionsdruck statt, um einen Verlust des Plasmids zu verhindern. Der verwendete Vektor pET24a(+) trägt eine Resistenz gegen Kanamycin, welches dem Kulturmedium in einer Endkonzentration von 50 µg/ml zugegeben wurde. *E. coli* BL21Gold(DE3)pLysS trägt außerdem auf dem pLysS-Plasmid eine Chloramphenicol-Resistenz, weshalb hier zusätzlich 50 µg/ml Chloramphenicol zugegeben wurde. Letzteres gilt auch für alle verwendeten Chaperon-tragenden Plasmide.

5.1 Stammhaltung *E. coli*

- Kolonien mit Hilfe steriler Zahnstocher von LB_{Kan}-Agarplatten in 5 ml kanamycinhaltiges LB-Flüssigmedium überimpfen (Rollrandröhrchen)
- über Nacht bei 37°C und 220 rpm auf einem Schüttler (Multitron-Schüttler, Infors) inkubieren
- 1,5 ml der Zellsuspension bei 4000 rpm 10 min zentrifugieren (Biofuge Pico, Heraeus)
- Zellpellet in 350 µl LB_{Kan}-Medium resuspendieren
- 500 µl 87% Glycerin zur Vermeidung von Kristallbildung zugeben
- Mischen und bei -70°C lagern

Bei pLysS- bzw. Chaperonplasmid-tragenden Zellen wurde analog verfahren, den Medien wurde aber zusätzlich Chloramphenicol zugegeben.

5.2 Stammhaltung *E. coli* BL21Gold(DE3)pLysS in Mikrotiterplatten

- Kolonien mit Hilfe steriler Zahnstocher von LB_{Kan}-Agarplatten in 200 µl kanamycin/ chloramphenicolhaltiges LB-Flüssigmedium in Mikrotiterplatten (Cryoplates) überimpfen und mit BreathSeal™ (Greiner BioOne) abdecken; oder: 20 µl aus Mikrotiterplatten-Übernachtkultur in Cryoplate überimpfen

- ü. N. bei 37°C und 200 rpm auf dem Schüttler (Multitron-Schüttler, Infors) inkubieren
- Bei 2000 rpm 10 min zentrifugieren (Sigma 4K15, Rotor 11444, Braun)
- Zellpellet in 100 µl einer LB_{Kan}-Medium-Glycerin-Mischung (1:1) resuspendieren
- Mischen und mit SilverSeal™ (Greiner BioOne) abgedeckt bei –70°C lagern

6 Gentechnische Standardmethoden

6.1 Isolierung von Plasmid-DNA aus *E. coli*

Zur Isolierung von Plasmid-DNA wurde eine Kombination aus alkalischer Lyse nach Birnboim und Doly (Birnboim 1983) und Phenol/Chloroform-Extraktion angewandt. Bei der Minipräparation wird die Zellmembran der geernteten Bakterien mit NaOH und EDTA destabilisiert und unter Einwirkung des anionischen Detergenz SDS zerstört, das gleichzeitig die enthaltenen Proteine denaturiert. Die DNA wird durch die alkalischen Bedingungen zerstört, wobei die Plasmid-DNA durch ihre *supercoiled*-Konformation geschützt ist. RNA wird durch die zugegebene RNAse verdaut. Im Rohextrakt werden Ionen und DNAsen durch den Komplexbildner EDTA abgefangen und die denaturierten Proteine durch Kaliumacetat ausgefällt. Die Phenol/Chlorophorm-Fällung entfernt die restlichen Proteine, da diese in der organischen Phase verbleiben, während die DNA sich in der wässrigen Phase löst. Sie wird im Anschluss mit Isopropanol gefällt und mit Ethanol gereinigt.

- 1,5 ml *E. coli*-Übernachtkultur 10 min bei 4000 rpm (Biofuge Pico, Heraeus) zentrifugieren
- Bakterienpellet in 0,3 ml Destabilisierungspuffer L1 resuspendieren
- 0,3 ml Denaturierungspuffer L2 zugeben und durch mehrmaliges Invertieren mischen; 5 min bei RT inkubieren
- 0,3 ml Präzipitationspuffer L3 zugeben, mehrmals invertieren
- Niederschlag 15 min bei 13000 rpm zentrifugieren (Biofuge Pico, Heraeus)
- Überstand abnehmen und mit 0,45 ml Phenol/Chloroform extrahieren
- 10 min zur Phasentrennung bei 13000 rpm zentrifugieren
- wässrige obere Phase abnehmen und mit 0,45 ml Chloroform extrahieren
- 10 min bei 13000 rpm zentrifugieren
- obere Phase abnehmen und 0,75 ml Isopropanol zugeben
- 30 min bei 13000 rpm (4°C) zentrifugieren (Sigma 4K15, Rotor 12167, Braun)

- Pellet mit 0,5 ml 70% Ethanol waschen
- 10 min bei 13000 rpm (4°C) zentrifugieren
- Pellet 10 min bei 60°C trocknen
- in 50 µl H_2O_{dd} aufnehmen, bei -20°C lagern

Alternativ wurde Plasmid-DNA mittels des peqGOLD Plasmid Miniprep Kit II (Peqlab) isoliert. Dabei wurde nach Herstellerangaben verfahren. Das Funktionsprinzip kombiniert hier die alkalischen Lyse mit einer Zentrifugationssäulenmethode. DNA bindet bei hoher Salzkonzentration an die in den Zentrifugationssäulen vorhandene Silikamembran und kann durch Waschen mit Lösungen niedriger Salzkonzentration wie Wasser wieder eluiert werden. Die Bindung der DNA ist hier nicht nur von einer hohen Salzkonzentration, sondern auch vom pH abhängig. Die ideale Adsorption an die Silikamatrix findet bei pH ≤ 7,5 statt, weshalb Lösung III das alkalische Zelllysat vor der Bindung neutralisiert. Liegt die DNA im gebundenen Zustand vor, so werden Kontaminanten und Verunreinigungen, die nicht an die Membran binden können, ausgewaschen, wodurch die DNA nach der Elution rein und salzfrei vorliegt.

6.2 Restriktionsspaltung von DNA

Die zur Restriktionsspaltung von doppelsträngigen DNA-Fragmenten eingesetzten Restriktionsendonucleasen und entsprechenden Puffer wurden von der Firma Fermentas bezogen (vgl. Tabelle 8) und entsprechend den Herstellerangaben verwendet. Die Pfeile zwischen den Basen geben die Schnittstelle an.

Tabelle 8: Verwendete Restriktionsendonucleasen.

Enzym	**Schnittstelle (5'→3')**	**Puffer**	**Dauer**	**Einsatz**
*Eco*RI	G↓AATTC	EcoRI (unique)	1 h	Kontrollverdau
*Bam*HI*	G↓GATCC	Y⁺/Tango	1 h	Genexzision 3'-Ende
*Nde*I*	CA↓TATG	Y⁺/Tango	ü. N.	Genexzision 5'-Ende
*Dpn*I	GA/TC	---	2 h	Verdau von Template-DNA
Fast Digest® *Eco*RI	G↓AATTC	Fast Digest®-Puffer	5 min	Kontrollverdau
Fast Digest® *Bam*HI*	G↓GATCC	Fast Digest®-Puffer	5 min	Genexzision 3'-Ende
Fast Digest® *Nde*I*	CA↓TATG	Fast Digest®-Puffer	5 min	Genexzision 5'-Ende

* = In Kombination verwendet

Die Inkubation erfolgte bei 37°C in einem Gesamtvolumen von 20 µl. Es wurden 15 µl Plasmid-DNA mit der vom Hersteller angegebenen Menge an 10 x Reaktionspuffer und 1 µl des jeweiligen Enzyms versetzt (vgl. Tabelle 8). Auf das Gesamtvolumen des Verdaus von 20 µl (mit Ausnahme des *Dpn*I-Verdaus, vgl. Kapitel II7) wurde mit H_2O_{dd} aufgefüllt.

6.3 Agarose-Gelelektrophorese

Die Auftrennung von DNA-Fragmenten erfolgte in horizontalen Agarosegelen im elektrischen Feld. Es wurden 35 ml Gele (7 x 10 cm) in BlueMarine 100-2-Elektrophoresekammern (Serva) verwendet. Die Auftrennung von linearen, doppelsträngigen DNA-Fragmenten basiert auf der Wanderung negativ geladener DNA im elektrischen Feld von der Kathode zur Anode. Die elektrophoretische Beweglichkeit der DNA ist antiproportional zum Logarithmus der Anzahl der Basenpaare (Meyers et al 1976). Nach Zugabe von Ethidiumbromid, das in GC-Paare der DNA interkaliert, können DNA-Fragmente unter UV-Licht detektiert werden. Nach einem Restriktionsverdau konnte das gewünschte Insert- bzw. Vektorfragment aus dem Gel reisoliert (vgl. Kapitel II6.4) und so von Enzymen und Salzen gereinigt werden.

1% TBE-Kontrollgele

- 1% Agarose in 1 x TBE aufkochen und in eine Gelkammer mit Gelkamm gießen
- DNA-Proben mit ¼ Vol. Bromphenolblau-Probenpuffer versetzen
- Mit 1 kb DNA-Leiter bei einer Spannung von 100 Volt auftrennen
- Nach abgeschlossener Elektrophorese Gel 10 min in Ethidiumbromid färben
- Gefärbte DNA im UV-Licht bei 312 nm detektieren (Geldokumentationssystem Universal Hood, BioRad) und auf dem Transilluminator abfotografieren

1% TBE-Gele zur Reisolierung von DNA-Fragmenten

- Gel aus 1% Agarose in 1 x TBE gießen
- DNA-Proben mit ¼ Vol. farblosen Probenpuffer versetzen
- Spannung von 60 V anlegen
- Im Ethidiumbromidbad 10 min färben
- Banden mit einem Skalpell unter UV-Licht aus dem Gel schneiden
- DNA-Fragmente aus dem Gel extrahieren (vgl. Kapitel II 6.4)

6.4 Reisolierung von DNA-Fragmenten aus Agarosegelen

Die Isolierung wurde mit dem peqGOLD MicroSpin Gel Extraction Kit der Firma Peqlab durchgeführt. Zur Reisolierung wurden die Angaben des Herstellers befolgt. Hierbei wird die gewünschte Bande aus dem Gel ausgeschnitten und das Gelstück in Puffer aufgelöst. Die Reisolation der DNA beruht auf der Tatsache, dass DNA bei hoher Salzkonzentration an die in den Zentrifugationssäulen vorhandene Silikamembran bindet und durch Waschen mit Lösungen niedriger Salzkonzentration wie Wasser wieder eluiert werden kann (Vgl. Kapitel II 6.1).

Alternativ wurde die Isolierung der DNA aus den Gelstückchen mit Quantum Prep™ Freeze'n'Squeeze Gel Extraction-Säulen (BioRad) gemäß Herstellerangaben durchgeführt. Die Quervernetzung der Agarose wird durch Einfrieren zerstört und so die enthaltene DNA freigesetzt, welche dann durch Filtriersäulen von den Agarosereste gereinigt wird.

6.5 Reinigung von DNA durch Fällung

Die Fällung wurde nach PCR, Doppelverdau des Vektors und des Inserts sowie nach Ligation beider durchgeführt. Sie diente der Reinigung der DNA von Salzen und Inaktivierung von Proteinen, welche durch die Zugabe von Phenol/Chlorophorm aus der Lösung ausgefällt werden. Durch Zugabe des stark wasserentziehenden LiCl und Ethanol wird die DNA gefällt und durch die folgenden Waschschritte gereinigt.

- Phenol/Chloroform mit Ansatz im Verhältnis 1:1 mischen und vortexen
- 10 min bei 13000 rpm zentrifugieren (Biofuge Pico, Heraeus)
- Ethanol-Fällung der oberen Phase mit LiCl
- Zugabe von 1/10 x Volumen 4 M LiCl
- Zugabe von 2,5 x Volumen 98% Ethanol (-20℃)
- 45 min bei -20℃ fällen
- 30 min bei 13000 rpm (4℃) zentrifugieren (Sigma 4K15, Rotor 12167, Braun)
- DNA-Pellet 2 x 5 min mit 70% Ethanol waschen (Sigma 4K15, Braun)
- DNA-Pellet 10 min bei 60℃ trocknen
- DNA in 15 µl H_2O_{dd} resuspendieren

6.6 Reinigung von DNA durch Dialyse

Zwischen Ligation und Transformation wurde die Entsalzung der DNA durch Dialyse durchgeführt, um Ausbeuteverluste während der Fällungsschritte zu umgehen. Die DNA-enthaltende Lösung wurde dazu auf Nitrocellulose-Filter (Porengröße 0,025 µm, Millipore) gebracht und gegen 10%iges Glycerin 1 h bei RT dialysiert.

6.7 Bestimmung der DNA-Konzentration

Die Bestimmung der DNA-Konzentration isolierter Plasmide in wässriger Verdünnung (1:60) erfolgte in einem Gene Quant Photometer (Pharmacia Biotech). Die Absorption der DNA wurde bei einer Wellenlänge von 260 nm gemessen, was eine direkte Bestimmung der DNA-Konzentration ermöglichte. Dabei entspricht eine $OD_{260} = 1$ der Konzentration doppelsträngiger DNA von 50 µg/ml (Sambrook et al 1989). Zur Abschätzung der Reinheit und des Restproteingehaltes wurde die Absorption bei 260 nm mit der Absorption bei 280 nm verglichen. Das Verhältnis (Ratio) reiner DNA beträgt 1,8.

7 Ortsgerichtete Mutagenese

7.1 SOE-PCR

Der gezielte Austausch von Aminosäuren wurde mit SOE-PCR (*splicing by overlapping extension*) durchgeführt. Bei dieser Methode wird die P2OxB2H mit *Pwo*-Polymerase in zwei Fragmenten amplifiziert, die sich an der auszutauschenden Position überlappen. Dazu wird jeweils ein genflankierender Primer eingesetzt und einer, der die gewünschte Mutation trägt. Die beiden entstehenden Fragmente werden im Anschluss in einer *Assembly*-PCR als Template eingesetzt und mit Hilfe der flankierenden Primer und der überlappenden Sequenzen zum vollständigen Gen zusammengefügt (vgl. Abbildung 5). (Pogulis et al 1996).

PCR-Ansatz SOE I:

Pwo Reaction Buffer (10x)*	5,0	µl
dNTP Mix	2,0	µl
forward Primer	1,5	µl
reverse Primer	1,5	µl
Template	20	ng
Pwo DNA Polymerase*	2,0	µl
H_2O_{dd}	ad 50	µl

PCR-Ansatz SOE II (*Assembly*):

Pwo Reaction Buffer (10x)*	5,0	µl
dNTP Mix	2,0	µl
forward Primer	1,5	µl
reverse Primer	1,5	µl
Templates	je 20	ng
Pwo DNA Polymerase*	2,0	µl
H_2O_{dd}	ad 50	µl

*Im Kit enthaltene Reagenzien

Das folgende PCR-Programm (Tabelle 10) wurde zur Amplifikation im MyCycler (BioRad) genutzt.

Tabelle 9: PCR-Programm *SOE-PCR I* (a) & *II* (b). Die Schritte 2 - 4 wurden 25-mal bzw. 15-mal im MyCycler (BioRad) durchgeführt. Nach Schritt 5 wurde der Ansatz auf 4°C abgekühlt.

a) SOE I

PCR-Schritt	Temperatur [°C]	Dauer [min]	
1. Denaturierung	94	3	
2. Denaturierung	94	0,5	25 x
3. Annealing	65	1	25 x
4. Elongation	70	1 – 2*	25 x
5. Elongation	70	7	
6. Abkühlung	4	-	

b) SOE II

PCR-Schritt	Temperatur [°C]	Dauer [min]	
1. Denaturierung	94	3	
2. Denaturierung	94	0,5	15 x
3. Annealing	64	1	15 x
4. Elongation	70	3,5	15 x
5. Elongation	70	7	
5. Abkühlung	4	-	

* = abh. von erwarteter Fragmentlänge

Zwischen den beiden PCR-Reaktionen wurde das Template aus der ersten PCR durch Zugabe von 1 µl *Dpn*I und 1-stündiger Inkubation bei 37°C entfernt. Danach erfolgte ein Fällung zur Reinigung der DNA (vgl. Kapitel II6.5).

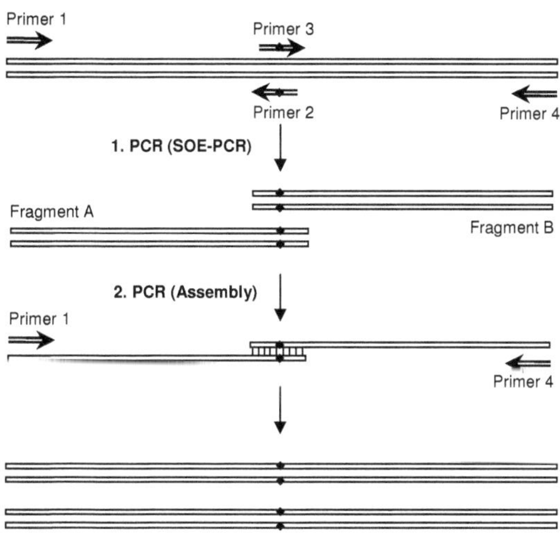

Abbildung 5: Schema der SOE-PCR (*splicing by overlapping extension*) nach Pogulis et al. (1996). Primer 1, 4: genspezifische, flankierende Primer; Primer 2, 3: interne Mutageneseprimer (vgl. Tabelle 3).

7.2 QuikChange®

Der ligationsfreie *in vitro*-Austausch einzelner Aminosäuren wurde mit dem QuikChange® Site-directed mutagenesis Kit (Stratagene) durchgeführt. Der Kit wurde dazu verwendet, um mit Hilfe der *PfuTurbo®* DNA Polymerase gezielte Aminosäureaustausche in einem Thermocycler (MyCycler, BioRad) auszuführen. Als Template diente doppelsträngige, als *supercoil* vorliegende Plasmid-DNA, die mit zwei synthetischen Oligonukleotidprimern, welche die gewünschten Mutationen enthielten, amplifiziert wurde. Die Inkorporation der Oligonukleotidprimer generierte ein mutiertes Plasmid, das Einzelstranglücken, sogenannte *staggered nicks*, enthielt. Nach dem Cycling erfolgte die Behandlung des kompletten Ansatzes mit der Endonuclease *Dpn*I, die parentale, methylierte und hemimethylierte DNA selektiv abbaut und in fast allen *E. coli*-Stämmen vorkommt. Das mutierte Plasmid wurde im Anschluss nicht in die im Kit enthaltenen XL1-Blue-Zellen, sondern in *E. coli* BL21Gold(DE3)pLysS transformiert, um einen Einsatz im Mikrotiterplatten-screening zu ermöglichen (vgl. Kapitel II14.1.2 und 15.1.2). Da diese Elektrokompetenz besitzen musste der Ansatz vor Transformation entsalzt werden (vgl. Kapitel II 6.6). Primer- und Templatekonzentration wurden gemäß dem

Instruction Manual (Stratagene) gewählt, abweichend dazu wurde die Elongationszeit auf 2 min/kb ausgedehnt.

PCR-Ansatz:			Endkonzentration:
Reaction Buffer (10x)*	5,0	µl	(1 x)
dNTP Mix*	1,0	µl	(je 0,2 mM)
forward Primer	1,0	µl	(125 ng)
reverse Primer	1,0	µl	(125 ng)
Template	20	ng	
PfuTurbo DNA Polymerase*	1,0	µl	(0,02 U/ µl)
H_2O_{dd}	ad 50	µl	

*Im Kit enthaltene Reagenzien

Das folgende PCR-Programm (Tabelle 10) wurde zur Amplifikation im MyCycler (BioRad) genutzt.

Tabelle 10: PCR-Programm *Site-directed mutagenesis.* Die Schritte 2 - 4 wurden 16-mal im MyCycler (BioRad) durchgeführt, wenn Punkmutationen generiert werden sollten. Nach Schritt 4 wurde der Ansatz auf 4℃ abgekühlt.

PCR-Schritt	Temperatur [℃]	Dauer [min]
1. Denaturierung	95	0,5
2. Denaturierung	94	0,5
3. Annealing	55	1
4. Elongation	68	14*
5. Abkühlung	4	-

*2 min/ kbp

Im Anschluss an das Cycling wurde der Ansatz mit 1 µl *DpnI* versetzt und für 2 h bei 37℃ inkubiert. Die Deaktivierung des Enzyms erfolgte durch Einfrieren bzw. Inkubation bei 80℃.

7.3 KOD-QuikChange

Um die Effizienz der Aminosäureaustausche zu erhöhen wurde eine vom oben genannten Kit unabhängige Methode gesucht, die auf einer schnelleren und effizienteren Polymerase beruht. Dazu wurde die KOD-Polymerase aus *Thermococcus kodakaraensis* verwendet (Novagen/ Merck) verwendet. Diese besitzt die gleiche Genauigkeit wie die *Pfu*-Polymerase, arbeitet jedoch 5-fach schneller und besitzt eine 15-fach höhere Prozessivität (Anzahl angehängter Nukleotide, die die

Polymerase im Durchschnitt an den neuen Strang anhängt, bevor sie abdissoziiert), besonders bei GC-reichen Sequenzen wie dem Gen der P2Ox (Takagi et al 1997). Das angewandte Prinzip entsprach dem der QuikChange® (vgl. Kapitel II 7.1). Die Zusammenstellung des Reaktionsansatzes und des PCR-Programmes erfolgte modifiziert nach dem KOD HotStart-Manual (Novagen).

PCR-Ansatz:			Endkonzentration:
KOD Reaction Buffer (10 x)*	5,0	µl	(1 x)
dNTP Mix*	5,0	µl	(je 0,2 mM)
forward Primer	3,0	µl	(0,3 µM)
reverse Primer	3,0	µl	(0,3 µM)
Template	10	ng	
KOD HotStartDNA Polymerase*	1,0	µl	(0,02 U/µl)
$MgSO_4$*	3,0	µl	(1,5 mM)
H_2O_{dd}	ad 50	µl	

*Im Kit enthaltene Reagenzien

Das folgende PCR-Programm (Tabelle 10) wurde zur Amplifikation im MyCycler (BioRad) genutzt.

Tabelle 11: PCR-Programm *KOD QuikChange.* Die Schritte 2 - 4 wurden 20-mal im MyCycler (BioRad) durchgeführt. Nach Schritt 4 wurde der Ansatz auf 4°C abgekühlt.

PCR-Schritt	Temperatur [°C]	Dauer [min]
1. Denaturierung	95	2
2. Denaturierung	94	0,5
3. Annealing	55	1
4. Elongation	70	3,5*
5. Abkühlung	4	-

*30 sec/ kbp

8 Gerichtete Evolution *(Error prone*-PCR)

Um in das P2Ox-Gen aus *P. gigantea* zufällige Mutationen einzuführen, wurde die *error prone*-PCR-Methode im MyCycler (BioRad) ausgeführt. Dazu wurde das Gen mit Hilfe der *Taq*-Polymerase (Axon) amplifiziert. Um die Fehlerwahrscheinlichkeit der *Taq*-Polymerase zu steigern, die *in vitro* keine Funktion zur Korrektur fehlgepaarter Nukleotide besitzt, wurden dem Ansatz höhere

Magnesiumchloridmengen zugesetzt und variierte Konzentrationen an $MnCl_2$ verwendet. Eine weitere Erhöhung der Fehlerrate ist durch Einsatz unbalancierter Nucleotidkonzentrationen, Mischungen mit Nukleosidanaloga oder einer Kombination dieser Möglichkeiten zu erreichen. Die in der Literatur bekannten Schemata wurden leicht abgewandelt (Jaeger et al 2002, Jaeger & Eggert 2002, Leung et al 1989). PCR-Produkte wurden zur Expression der Varianten in den Vektor pET24a(+) kloniert (vgl. Kapitel II9.1).

Tabelle 11: Pipettierschemen zur *error prone*-PCR (modifiziert nach Jaeger *et al.* 2002).

	PCR-Ansatz 1		PCR-Ansatz 2		PCR-Ansatz 3	
$MgCl_2$-freier Puffer (10x)	5,0 µl		5,0 µl		5,0 µl	
$MgCl_2$ (25 mM)	12 µl	(6 mM)	12 µl	(6 mM)	12 µl	(6 mM)
$MnCl_2$ (25 mM)	---		0,3 µl	(0,15 mM)	0,6 µl	(0,3mM)
dNTP's	1,0 µl		1,0 µl		1,0 µl	
P2Ox_NdeI_for	1,0 µl		1,0 µl		1,0 µl	
P2Ox_HisBamHI_rev	1,0 µl		1,0 µl		1,0 µl	
Template DNA	1,0 µl		1,0 µl		1,0 µl	
Taq-Polymerase	0,6 µl		0,4 µl		0,4 µl	
H_2O_{dd}	ad 50 µl		ad 50 µl		ad 50 µl	

Tabelle 12: PCR-Programm *error prone*-PCR. Es wurden 35 Zyklen (Schritt 2 – 4) im MyCycler (BioRad) durchgeführt.

PCR-Schritt	Temperatur [°C]	Dauer [min]
1. Denaturierung	94	3
2. Denaturierung	94	0,5
3. Annealing	64	1
4. Elongation	72	1,5
5. Finale Elongation	72	7
6. Abkühlung	4	-

9 Klonierung von PCR-Fragmenten

9.1 Ligation

Durch den Verdau mit *NdeI*/*Bam*HI entstehen überhängende Enden im Doppelstrang der DNA, welche von Ligasen durch Wiederherstellung der Phosphodiesterbindung zwischen zwei benachbarten Nukleotiden wieder verknüpft werden können.
Zur Ligation wurden Vektor und PCR-Fragment nach Verdau gefällt und im Verhältnis 1:3 zu einem Volumen von 17 µl gemischt. Nach Zugabe von 2 µl Ligationspuffer (10x) und 1 µl T4-DNA–Ligase (Fermentas) wurde ein Temperaturgradient von 30°C - 4°C ü. N. eingestellt. Anschließend erfolgte eine Dialyse des Ligationsansatzes (vgl. Kapitel II6.6) zur Entsalzung der DNA.

10 Ligationskontrolle durch *Colony*-PCR

Zur Kontrolle der erfolgreichen Ligation wurde nach Transformation elektrokompetenter Zellen eine *Colony*-PCR durchgeführt. Diese Methode ersetzt die übliche Prozedur von Anzucht, DNA-Präparation und Kontrollverdau in einem Schritt und erlaubt die Kontrolle einer weit größeren Zahl von Kolonien. Nebenbei kann so auch die Orientierung des Inserts im Vektor überprüft werden, da es in seltenen Fällen zu einer Fehlligation kommen kann (Gussow & Clackson 1989). Die *Colony*-PCR wird mit genspezifischen Primern durchgeführt, die im Plasmid eine Sequenz bekannter Länge amplifizieren (vgl. Tabelle 3). Die Kolonien, die im nachfolgenden Kontrollgel ein Amplifikat der erwarteten Größe aufweisen, enthalten mit sehr hoher Wahrscheinlichkeit das gewünschte Insert. Zur PCR werden ganze Zellen in Form einer gepickten Kolonie eingesetzt. Die Zellen werden im Laufe der PCR aufgrund der Hitze soweit destabilisiert, dass Plasmid-DNA austreten kann. Sofern das gewünschte Plasmid mit dem korrekten Insert in der Zelle enthalten war, wird es mit Hilfe der genspezifischen Primer amplifiziert und kann im Agarosegel detektiert werden (vgl. Kapitel II6.3). Parallel zum PCR-Ansatz wird eine Replikaplatte auf LB_{Kan}-Medium erstellt, so dass Klone mit korrektem Insert direkt weiter verwendet werden können.
Zur PCR-Reaktion wurden *Taq*-Polymerase und 10 x Puffer der Firma Axon verwendet (vgl. Kapitel 3 und 4.2).

PCR-Ansatz (als Mastermix):

Reaction Buffer (10x)	0,5	µl
$MgCl_2$ (25 mM)	0,3	µl
dNTP-Mix	0,1	µl
DMSO	0,4	µl
forward Primer*	0,1	µl
reverse Primer*	0,1	µl
Taq-DNA Polymerase	0,04	µl
H_2O_{dd}	ad 5	µl

*= vgl. Tabelle 3

- Mastermix in 0,2 ml PCR-Eppendorfgefäße vorlegen
- Klon mit sterilem Zahnstocher von LB_{Kan}-Platte in Mastermix umimpfen
- Mit gleichem Zahnstocher auf frischer LB_{Kan}-Platte ausstreichen und ü. N. bei 37°C bebrüten
- PCR nach Tabelle 13 durchführen
- PCR-Produkte mit je 1 µl Probenpuffer versetzen und auf einem 1 x TBE-Agarosegel elektrophoretisch auftrennen (vgl. Kapitel 6.3)

Das folgende PCR-Programm (Tabelle 13) wurde zur Amplifikation im MyCycler (BioRad) genutzt.

Tabelle 13: PCR-Programm *Colony*-PCR. Die Schritte 2 – 4 wurden 25-mal durchgeführt.

PCR-Schritt	Temperatur [°C]	Dauer [min]
1. Denaturierung	95	5
2. Denaturierung	95	1
3. Annealing	64	0,5
4. Elongation	72	4
5. Finale Elongation	72	7
6. Abkühlung	4	-

11 Herstellung elektrokompetenter Zellen

Entsalzung erhöht die Fähigkeit von Bakterienzellen, DNA aus dem Medium aufzunehmen und verbessert damit die Effektivität einer Elektroporation. Die Zugabe von Glycerin verhindert die Kristallbildung von Wasser beim Einfrieren und ermöglicht eine Lagerung der Zellen bei -70°C.

Zur Herstellung elektrokompetenter *E. coli* BL21Gold(DE3)pLysS-Zellen wurde dem LB-Medium Chloramphenicol zugesetzt, da das pLysS-Plasmid eine Chloramphenicol-Resistenz trägt. *E. coli* BL21(DE3)-Zellen wurden ohne Antibiotikum angezogen.

- 400 ml LB-Medium mit 1/100 Volumen einer frischen Übernachtkultur animpfen
- Kultur bei 37°C und 220 rpm bis zum Erreichen einer OD_{600} = 0,4 - 0,5 wachsen lassen (Multitron-Schüttler, Infors)
- Auf Eis abkühlen lassen
- 15 min zentrifugieren (4°C, 4000 x g)
- Bakteriensediment in 400 ml eiskaltem, sterilem H_2O_{dd} resuspendieren
- 15 min zentrifugieren (4°C, 4000 x g)
- Zellen in 200 ml eiskaltem H_2O_{dd} resuspendieren
- 15 min zentrifugieren (4°C, 4000 x g)
- Zellen in 20 ml eiskaltem 10% Glycerin resuspendieren
- 15 min zentrifugieren (4°C, 4000 x g)
- Zellen in 2 ml eiskaltem 10% Glycerin resuspendieren

Der Zelltiter sollte etwa 3 x 10^{10} Zellen/ml betragen. Aliquots der Zellen von 50 µl wurden bei –70°C gelagert (Hanahan 1983).

12 Transformationen

12.1 Elektroporation

Die entsalzten, elektrokompetenten Zellen werden bei der Elektroporation einem kurzen elektrischen Impuls ausgesetzt, der die Zellmembran vorübergehend destabilisiert. Dabei bilden sich kleine Poren in der Membran, durch die die ebenfalls entsalzte Plasmid-DNA in die Zelle gelangen kann.

Die *E. coli*-Expressionsstämme wurden in einem Gene Pulser (BioRad) und einem dazugehörenden Pulse Controller (BioRad) mit Plasmiden transformiert (Hanahan et al 1991).

Elektroporationsprotokoll

- Zellen, Ligationsmix, Elektroporationsküvetten und Eppendorfgefäße auf Eis kühlen
- Transformationsmix: 50 µl elektroporationskompetente Zellen + 5 µl Ligationsansatz
- Transformationsmixe in eisgekühlte, trockene Elektroporationsküvette pipettieren
- Geräteeinstellungen: 2,5 kV, 25 µF, 400 Ω

- Sofort 1 ml SOC-Medium zur Regeneration der Zellen zugeben
- Zellen für 60 min bei 37°C, 220 rpm regenerieren lassen
- Transformationsansätze auf LB_{kan}-Platten ausplattieren

Die Selektion der Transformanden erfolgte durch die entsprechenden Antibiotikaresistenzen des jeweiligen Vektors.

13 DNA-Sequenzierung

Die DNA-Sequenzanalyse erfolgte mit Hilfe des automatischen Sequenzierers LiCor 4200 (MWG-Biotech). Die Sequenzierreaktion wurde mit dem CycleReader™ Auto DNA Sequencing Kit (Fermentas) nach Herstellerangaben durchgeführt.
Alternativ wurden Plasmid-Proben zur Analyse mit dem TempliPhi®-Kit amplifiziert (GE Healthcare, vgl. Kapitel II 13.3) und zu GATC (Konstanz) geschickt.

13.1 DNA-Sequenzanalyse nach Sanger et al. (1977)

Das Verfahren der Didesoxy-Sequenzierung (Sanger et al 1977) basiert auf der partiellen Neusynthese eines DNA-Stranges anhand einer vorgegebenen Matrize mit gezieltem Kettenabbruch, der durch ein Didesoxynucleotid erreicht wird. Die Wirkung der 2'-3'-Didesoxynucleotide auf die DNA-Polymerase beruht auf dem Fehlen der 3'-Hydroxylgruppe, die an der Bildung der Phosphodiesterbindung zwischen Desoxyribose und Nucleosidmonophosphat beteiligt ist. Fehlt sie, so kann diese Bindung nicht gebildet werden und die Polymerisationsreaktion bricht ab.
Zur Detektion der Proben werden die verwendeten Primer mit 5'-IRD 800 fluoreszenzmarkiert. Dieser Farbstoff emittiert bei Anregung durch den Laser des Sequenzierers ein Lichtsignal, welches bei der Wanderung der Proben durch ein Polyacrylamidgel aufgefangen wird.
Bei neueren Kits sind bereits die einzelnen Didesoxynucleotide mit unterschiedlichen Farbstoffen fluoreszenzmarkiert, wodurch statt vier nur noch eine Reaktion angesetzt und unmarkierte Primer verwendet werden können.

13.2 Sequenzierreaktion

Jede Reaktion enthält alle vier Desoxynucleosidtriphosphate (dATP, dCTP, dGTP und dTTP) und zusätzlich eines der vier Didesoxyribonucleosidtriphosphate (ddATP, ddCTP, ddGTP und ddTTP) um basenspezifische Kettenabbrüche zu erzeugen. Das dGTP-Analogon 7-Deaza-dGTP verhindert bei der Sequenzierung GC-reicher DNA-Bereiche Sekundärstrukturbildung und vermindert Bandenkompressionen, so dass eine gleichmäßige Intensität der Banden erreicht wird.

DNA-Primer-Mix (Mastermix)

Plasmid-DNA	3 µl
Primer	1,5 µl
Puffer	2,5 µl
Taq-Polymerase	1 µl
H_2O_{dd}	ad 17 µl

- 2 µl eines jeden Terminations-Mixes (dNTP's, ddNTP's, Reaktionspuffer) in ein entsprechendes Eppendorfgefäß vorlegen
- 4 µl des DNA-Primer-Mixes zugeben
- PCR „Cycle Sequencing" des Sequenzieransatzes im MyCycler (BioRad)
- Ansätze mit je 3 µl Stopp/Lade-Puffer versetzen
- 3 min bei 70 °C denaturieren

Tabelle 14: PCR-Programm „Cycle Sequencing". Das Programm bestand aus zwei Abschnitten. In der ersten Hälfte wurden die Schritte 2 – 4 15 mal wiederholt. Im Anschluss daran wurden die Schritte 5 und 6 ebenfalls 15 Zyklen lang durchgeführt.

PCR-Schritt	Temperatur [°C]	Dauer [s]
1. Denaturierung	95	120
2. Denaturierung	95	15
3. Annealing	XX	30
4. Elongation	70	30
5. Denaturierung	95	30
6. Elongation	70	30
7. Abkühlung	4	-

XX = Annealingtemperatur 5 °C niedriger als T_m des Primers

13.3 TempliPhi®-Reaktion

Der TempliPhi® DNA Amplification Kit (GE Healthcare) fand dann Anwendung, wenn eine Verbesserung der Sequenzierung und der Leselänge bei Sequenzierungen von *site-directed mutagenesis*-Varianten - insbesondere im pET24a(+)-Vektor und nach QuikChange-Mutagenese - erforderlich war. Bei diesem Verfahren lagern sich willkürliche Hexamer-Primer an die zirkuläre Template-DNA an multiplen Orten an. Die verwendete DNA-Polymerase des Bakteriophagen Phi29 verlängert jeden dieser Primer in einem *rolling circle* Mechanismus. Wenn die DNA-Polymerase im Laufe der Synthese einen *downstream* verlängerten Primer erreicht, löst sich dieser vom Template und bildet ein freies einzelsträngiges Ende, das somit als Ansatzpunkt für weitere Hexamer-Primer dient. Dieser Prozess wiederholt sich bis zur Erschöpfung der Primer und resultiert in einer exponentiellen, isothermalen Amplifikation.

- Probenvorbereitung: entweder 0,2 - 0,5 µl Übernacht-Kultur oder ein Teil einer Kolonie oder 1 pg - 10 ng DNA (Vol. ≤ 0,5 µl) zu 5 µl Probenpuffer geben
- Denaturierung der Probe: auf 95℃ für 3 min erhitzen, Abkühlen auf 4℃
- TempliPhi-Premix: Für jede Probe: 5 µl Reaktionspuffer + 0,2 µl Enzym-Mix
- 5 µl Premix zu der gekühlten, denaturierten Probe zugeben
- Bei 30℃ für 4 - 18 h inkubieren
- Inaktivierung der Enzyme (bei Proben, die länger aufbewahrt werden): bei 65℃ für 10 min inkubieren und danach auf 4℃ abkühlen
- Sequenz-Cycling: a) 1 -2 µl (150 - 500 ng) der amplifizierten Probe oder b) falls Probe viskos ist, mit 10 µl H_2O_{dd} oder TE-Puffer verdünnen, gut mixen
- 2 -10 µl der verdünnten Probe zu den 17 µl Sequenzierungs-PCR-Mix geben

13.4 Sequenziergel und Elektrophoresebedingungen

Die Auftrennung der neusynthetisierten, fluoreszenzmarkierten Oligonucleotide erfolgte in einem 6% Polyacrylamidgel (Dicke 0,5 mm). Das im Gel enthaltene Formamid und Harnstoff sorgten für denaturierende Bedingungen und verhindern Sekundärstrukturbildung in der DNA. Zusätzlich wurde das Gel mit Heizplatten auf 50℃ erhitzt, was eine Renaturierung der DNA verhindert. Die Elektrophorese wurde bei einer Spannung von 1500 V und einer Stromstärke von 37 mA durchgeführt. Vor der eigentlichen Elektrophorese fand eine fünfzehnminütige Vorelektrophorese statt um unpolymerisiertes Acrylamid zu entfernen, das Gel auf 50℃ zu heizen und die benötigte Spannung zu erzeugen.

Gelmatrix:

30 ml Sequagel XR
7,5 ml Sequagel Complete
4 ml Formamid
1 ml Rotiphorese Gel 40 (Roth)
300 µl 10% APS-Lösung (0,1 mg/ml)

13.5 Auswertung der Sequenzdaten

Die erhaltenen Sequenzdaten wurden mit Hilfe des Softwarepakets „DNASTAR“ (Lasergene) analysiert. Die so aufbereiteten Sequenzdaten wurden anhand des vom „National Center for Biotechnological Information“ (NCBI) angebotenen Service (www.ncbi.nlm.nih.gov/blast/blast) mit den in der Datenbank hinterlegten Sequenzen verglichen. Die weitere Auswertung fand mit Vector NTI (Invitrogen) statt.

14 Expression der P2Ox

Die heterologe Expression der P2Ox wurde in *E. coli* in verschiedenen Maßstäben durchgeführt. Die zu induzierenden Zellen wurden je nach Bedarf in Erlenmeyerkolben verschiedener Größe oder zum Screening nach optimierten Varianten in Mikrotiterplatten (Greiner BioOne) angezogen.

14.1 Expression in *E. coli*

E. coli BL21Gold(DE3) enthält im Chromosom integriert eine Kopie des Gens für die T7 RNA-Polymerase unter der Kontrolle des *lacUV5*-Promoters, der durch Zugabe von IPTG (Isopropyl-*β*-D-thiogalactopyranosid) induziert werden kann. Die Expression wird induziert, sobald die T7 RNA-Polymerase von der Wirtszelle zur Verfügung gestellt wird. Die T7 RNA-Polymerase ist so selektiv und aktiv, dass fast alle Zellreserven zur Expression des rekombinanten Gens herangezogen werden.
Der Stamm *E. coli* BL21Gold(DE3)pLysS weist die gleichen Eigenschaften auf, allerdings enthält dieser Stamm das zusätzliche Plasmid pLysS. Dieses kodiert für intrazelluläres Lysozym und trägt eine Chloramphenicol-Resistenz. Lysozym kann die Zellwand von *E. coli* schwächen, indem es die 1,4-glykosidischen Bindungen zwischen *N*-Acetylglucosamin und *N*-Acetylmuraminsäure im Peptidoglykan auflöst. Wasser kann so in die Zelle eindringen, diese schwillt an und lysiert. Solange die Cytoplasmamembran der Zellen intakt ist, verbleibt das Lysozym jedoch im Zellinneren. Erst durch die Zugabe des Tensids Triton X-100, das die Zellmembran destabilisiert, kann es zur Mureinschicht gelangen und die Zelllyse herbeiführen, was den Aufreinigungsprozess vereinfacht. Bezüglich Anzucht und Induktion verhielten sich beide Stämme gleich.

14.1.1 Expression in Erlenmeyerkolben

Zur Anzucht der gewünschten Zellen wurden 25 ml Vorkultur in 250 ml Pepton/Tryptonmedium mit Kanamycin in einem 1 l Erlenmeyerkolben überführt. Anschließend wurden die Erlenmeyerkolben (250 ml Kultur) bei 37 °C (220 rpm) auf dem Schüttler inkubiert. Nachdem die Zellen bis zum Erreichen einer OD_{600} = 1 gewachsen waren, erfolgte die Induktion durch Zugabe von IPTG (Endkonzentration 0,1 mM). Die Kolben wurden anschließend zur Expression bei 20 °C für weitere 24 h bei 200 rpm (RC-406, Infors AG) inkubiert. Durch die niedrige Temperatur wurde das Zellwachstum verlangsamt und so die Bildung von *inclusion bodies* verringert (Schein & Noteborn 1988). Die Anreicherung zur Charakterisierung erfolgte in 250 ml Erlenmeyerkolben, die Angaben beziehen sich daher wenn nicht anders vermerkt auf 250 ml Kultur.

14.1.2 Coexpression mit Chaperonen

Zur Verbesserung der Faltungseigenschaften der P2Ox und somit zur Verringerung der *inclusion body*-Bildung wurden verschiedene Chaperone coexprimiert (Takara Bio Inc.). Dazu wurden *E. coli* BL21Gold(DE3) mit dem jeweiligen Chaperon-tragenden Plasmid transformiert (vgl. Kapitel II12 und Tabelle 2), der Transformationserfolg mit *Colony*-PCR bestätigt (vgl. Kapitel II10) und positive Zellen erneut elektrokompetent gemacht (vgl. Kapitel II11). Diese Zellen wurden mit pP2OxB2H bzw. pP2OxB2H1 transformiert und erneut überprüft.

Tabelle 15: Induktion der verschiedenen Chaperongene

Vektor	Gene	Regulatorgen	Induktor [Endkonzentration]
pG-KJE8	dnaK-dnaJ-grpE, groES-groEL	araC, tetR	L-Arabinose [0,5 mg/ml], Tetracyclin [5 ng/ml]
pGro7	groES-groEL	araC	L-Arabinose [0,5 mg/ml]
pG-Tf2	groES-groEL, tig	tetR	Tetracyclin [5 ng/ml]
pKJE7	dnaK-dnaJ-grpE	araC	L-Arabinose [0,5 mg/ml]
pTf16	tig	araC	L-Arabinose [0,5 mg/ml]

Doppelt transformierte Klone wurden analog zu Kapitel 14.1.1 angezogen, dem Medium wurde jedoch zusätzlich Chloramphenicol zugegeben. Die Induktion fand bei einer OD_{600} von 0,4 - 0,6 mit IPTG (Endkonzentration 0,1 mM) zur Induktion der P2Ox-Expression und verschiedenen Chaperon-Induktoren statt (vgl. Tabelle 15). Die anschließende Inkubation erfolgte für 20 h bei 28℃ und 200 rpm (RC-406, Infors AG).

14.1.3 Expression in Mikrotiterplatten

Zur Anzucht der geeigneten Zellen wurden zuerst zur Erhöhung der Zelldichte Masterplatten angefertigt. Dazu wurde mit einem sterilen Zahnstocher ein Strich auf einer durchnummerierten LB_{Kan}-Platte gezogen, über Nacht bei 37℃ kultiviert und am folgenden Tag in mit 200 µl LB_{Kan} gefüllte Wells einer Mikrotiterplatte (Greiner BioOne) umgeimpft. Anschließend wurde die Mikrotiterplatte bei 37℃ auf dem Schüttler (220 rpm) inkubiert. Die angezogenen Zellen wurden nach 2 h mit 20 µl IPTG (10 mM in LB_{Kan}) induziert, zuvor wurde jedem Well 20 µl Zellsuspension zum Beimpfen der Cryoplates für die Glycerinkulturen entnommen (vgl. Kapitel II5.2). Die Expression lief ü. N. bei 20℃ auf dem Rotationsschüttler (RC-406, Infors AG) bei 200 rpm ab.

14.1.4 Autoinduktive Expression

Die Expression der P2Ox nimmt mit steigender IPTG-Konzentration zu, die Gesamtaktivität verringert sich dabei jedoch durch Bildung von *inclusion bodies* (Vecerek et al 2004). Die Expression kann auch durch Lactose induziert werden, weshalb es in Komplexmedien häufig zu einer zu frühen Induktion durch Lactosespuren kommt. Glucose hemmt diese Basalexpression, daher kann mit geringen Glucosemengen, die von der wachsenden Kultur aufgebraucht werden, und definierten Lactosekonzentrationen ein autoinduktives Medium entwickelt werden, welches die Kulturen bei einer jeweils konstanten Zelldichte zum Ende ihrer Wachstumsphase induziert. So werden höhere Zelldichten erreicht, was einen positiven Einfluss auf die Gesamtausbeute hat (Studier 2005).

Dazu wurden fertige OvernightExpress™-Medien (EMDbioscience) und Medien nach Studier et al. (vgl. Kapitel II2.1) verwendet.

Jeweils 250 ml des entsprechenden Kulturmediums mit Kanamycin wurden gemäß Kapitel II14.1.1 mit 25 ml Vorkultur inokuliert und 1 h bei 37℃ (220 rpm) auf dem

Schüttler inkubiert. Die weitere Inkubation fand über Nacht bei 20°C statt, die Zellernte erfolgte gemäß Kapitel II15.1.1.

14.1.5 Hochzelldichtefermentation

Die Hochzelldichtefermentation stellt eine Standardmethode dar, mit der die Ausbeute rekombinanter Proteine durch Steigerung der Zelldichte erhöht werden kann. Der Grund hierfür liegt in dem Umstand begründet, dass in *E. coli* exprimierte, heterologe Proteine meistens intrazellulär angehäuft und nicht sezerniert werden, weshalb die Proteinkonzentration proportional zur Zellkonzentration ist. Die Erhöhung der Zellzahl erfolgt durch periodisches *feeding* der Lösung mit Glucose. Ist die dem Basismedium anfänglich in geringen Mengen zugesetzte Kohlenhydratquelle verbraucht, beginnt der pH-Wert auf Grund eines Anstiegs der Konzentration von Ammonium-Ionen, die von den Zellen ausgeschieden werden, anzusteigen. Deshalb wird das *feeding* gestartet, sobald eine Erhöhung des pH einsetzt (Lee, 1996).

In dieser Arbeit wurde die Hochzelldichtefermentation im 2 l Bioreaktor (Biostat B, B. Braun International) durchgeführt. Als Vorkultur dienten 20 ml LB_{Kan+Cm}. Die Hauptkultur bestand aus 1 l Basismedium (vgl. Kapitel 2.1). Während der Fermentation wurde der pH durch automatische Titration mit Ammoniaklösung (25%) und H_2SO_4 (4 M) bei pH 6,8 gehalten. Außerdem wurde bei Bedarf Antischaum zugegeben. Das *feeding* erfolgte mit konstanter Rate, das heißt, es wurden nach dem Start des Fütterns bis zum Ende der Fermentation kontinuierlich 430 µl der *feeding*-Lösung pro Minute zugegeben, was einer Glucosekonzentration von 1,74 mmol/min entsprach.

- Vorkultur: 20 ml LB_{Kan+Cm} mit 10 µl einer Glycerinkultur animpfen → Inkubation bei 37°C und 220 rpm
- Vorbereitung des Fermenters laut Herstellerangaben (B. Braun International):
  Einfüllen des Basismediums, Eichen der pH-Elektrode, Autoklavieren des Fermenters (40 min bei 121°C), Abkühlen und Zugabe der Antibiotika, Airflow auf 2 l einstellen, Medium mit Luft begasen, Rührergeschwindigkeit: 200 rpm.
  Nach 7 h Inkubation des Fermenters unter diesen Bedingungen: Eichen der pO_2-Elektrode (30 min: Airflow: 4 l, Rührergeschwindigkeit: 450 rpm, dann Sauerstoffsättigung 99% einstellen). Start der Begasung mit O_2 bei automatischer Regelung des Rührers.
- Inokulation der Hauptkultur:
  Animpfen mit der Vorkultur bis zu einer OD_{600} von 0,003. Inkubation bei 37°C.

- Induktion:
  Induktion durch Zugabe von 0,1 mM IPTG und 0,5 mg/ml L-Arabinose (Endkonzentration) bei einer OD_{600} von 20, Temperaturerniedrigung auf 28 °C.
- Ernte der Zellen: Zellernte zu Beginn der stationären Phase durch Zentrifugation bei 6100 x g und 4 °C für 10 min.

15 Herstellung zellfreier Extrakte

15.1 Zellernte *E. coli*

Nach 24 h Wachstum erfolgte die Zellernte der in den Erlenmeyerkolben gewachsenen Zellen. Dazu wurde die Zellsuspension in Zentrifugenbecher überführt und 10 min bei 4000 x g (Evolution RC, Sorvall) zentrifugiert. 1 g Bakterienpellet wurde anschließend in 4 ml (Ultraschall) bzw. 1 ml (*French Press*) 100 mM Kalium-dihydrogenphosphatpuffer (pH 7) mit DNase I resuspendiert. Die Zellernte der in den Mikrotiterplatten gewachsenen Zellen erfolgte nach 24 h durch zehnminütige Zentrifugation bei 2000 rpm (Sigma 4K15, Rotor 11444, Braun) und 4 °C.

15.1.1 Ultraschallaufschluss

Ultraschall führt in Flüssigkeiten zu schnellen Bewegungen, welche einen lokalen Druckabfall und damit die spontanen Bildung von Dampfblasen verursachen. Diese implodieren bei erneutem Druckanstieg und entwickeln dabei große Scherkräfte, welche neben der starken Flüssigkeitsbewegung selbst zur Zerstörung der Zellwände führen. Dabei kommt es auch zu starker Wärmeentwicklung und Schaumbildung. Durch Kühlung muss dies vermieden werden, da ansonsten die frei werdenden Proteine denaturiert werden (Sambrook et al 1989).

- Resuspendierte Pellets aus 250 ml Kulturen fünfmal 15 s mit 22 microns im Eiswasserbad beschallen
- Zwischendurch Probe für 30 s kühlen
- Zellsuspension 10 min bei 23.000 x g (Evolution RC, Sorvall) zentrifugieren

Das die Zelltrümmer enthaltende Pellet wurde zur späteren Quantifizierung der *inclusion bodies* in 100 mM KH_2PO_4 gelöst und zusammen mit den Aliquots der Aufreinigung in einer SDS-PAGE aufgetrennt (vgl. Kapitel 18).

15.1.2 Aufschluss mit Triton-X 100

Der Zellaufschluss in Mikrotiterplatten wurde mit Triton-X 100 durchgeführt, das in seiner Eigenschaft als mildes Detergenz die Cytoplasmamembran angreift. Dadurch wird das in der BL21Gold(DE3)pLysS Zelle befindliche Lysozym freigesetzt, das von dem pLysS-Plasmid kodiert wird. Das Lysozym zerstört die 1,4-glykosidischen Bindungen zwischen *N*-Acetylglucosamin und *N*-Acetylmuraminsäure im Peptidoglykan der Zellwand, was letztlich zur Zelllyse führt.
Bei der nachfolgenden Hitzefällung wurde ein Großteil der Fremdproteine entfernt. Gleichzeitig wurden so Mutanten, die ihre Thermostabilität eingebüßt hatten, vom Screening ausgeschlossen.

- Mikrotiterplatte 10 min bei 4 °C mit 2.000 rpm zentrifugieren
- Pellets nach Zugabe von 100 µl 100mM KH_2PO_4-Puffer (pH 7,0) mit DNase I und 0,06 % Triton-X 100 resuspendieren
- 45 min bei 37 °C auf Schüttler (200 rpm) inkubieren
- 10 min Hitzefällung bei 80 °C (Trockenschrank, Heraeus)
- 15 min bei 4 °C mit 2.000 rpm zentrifugieren

Der Überstand enthielt exprimierte P2Ox-Varianten und konnte ohne weitere Aufreinigung einem Aktivitätstest bzw. Screening unterzogen werden (vgl. Kapitel II19 bzw. II20.2).

15.1.3 Aufschluss mit *French Press*

Die *French Press* besteht aus einem druckfesten Zylinder und einem Kolben, der mit einem Auslass mit geringem Durchmesser versehen ist. Dieser Auslass kann mit einem Reduzierorgan verkleinert bzw. verschlossen werden. Gibt man die Zellsuspension in den vorgekühlten Zylinder, verschließt den Auslass und übt mit Hilfe des Stempels einen Druck von bis zu 2000 bar auf die Suspension aus, so kann diese nach geringfügigem Öffnen des Ventils aus dem Zylinder entweichen. Beim Durchfluss durch das Reduzierorgan erfolgt eine sehr starke Beschleunigung der Zelllösung. Die auf die Zellen einwirkenden Scherkräfte der Flüssigkeit an den Ventilwänden, die Geschwindigkeitsänderungen des Fluids, die Turbulenz und die Kavitation bewirken das Zerreißen der Zellwand. Damit thermische Einflüsse durch den hohen, auf die Suspension einwirkenden Druck nicht die Enzymstruktur zerstören, wurde die Druckzelle vor der Durchführung bei 4 °C aufbewahrt und die Probe ständig auf Eis kühl gehalten.

Der Aufschluss der Proben erfolgte mit Hilfe der *French® Pressure Cell press* (Polytec GmbH). Insgesamt wurden die Zellsuspensionen je dreimal bei 120 MPa passagiert und anschließend 10 min bei 20 000 x g und 4 °C zentrifugiert.

16 Anreicherung der P2Ox

Alle weiterführenden Beschreibungen der verschiedenen Aufreinigungsprotokolle beginnen mit dem Überstand, der nach Zellaufschluss und Zentrifugation erhalten wurde. Die Aufreinigungen wurden mit Hilfe des FPLC-Systems Äkta Purifier (GE Healthcare) durchgeführt. Die Detektion erfolgte parallel bei 280 nm und bei 450 nm (UV900, GE Healthcare), wodurch sowohl alle Proteine zusammen als auch, durch die Eigenabsorption des FAD, die P2Ox im Speziellen erfasst wurde. Angeschlossen war der Fraktionensammler Frac950 (GE Healthcare).

16.1 Hitzefällung

Zum Ausfällen von hitzelabilen Fremdproteinen wurden mit Hilfe der Thermostabilität der verwendeten P2Ox-Varianten die Rohextrakte 10 min in einem 60 °C warmen Wasserbad inkubiert und danach 30 min bei 4 °C und 23.000 x g zentrifugiert (Sigmafuge 4K15, Rotor 12169, Braun). Der erhaltene klare Überstand wurde zur weiteren Aufreinigung eingesetzt.

16.2 Affinitätschromatographie an Nickelsepharose

Dieser Anreicherungsschritt erfolgte an 5 ml bzw. 1 ml Ni-Sepharose High Performance-Säulenmaterial (GE Healthcare), welches Chelatgruppen mit gebundenen Nickelionen (Ni^{2+}) trägt. Aminosäuren wie Histidin bilden Komplexe mit Nickel und anderen Metallionen. Modifiziert man Proteine mit einem zusätzlichen $(His)_6$-tag, so wird die Affinität für Ni^{2+} gesteigert. Im Allgemeinen binden diese Fusionsproteine wesentlich stärker an das Säulenmaterial als andere Proteine, wie sie im *E. coli*-Zellextrakt vorkommen. Die HisTrap-Säule wurde mit Bindepuffer äquilibriert und nach dem Auftragen der Probe mit Bindepuffer gespült. Anschließend erfolgte die Auswaschung unspezifisch gebundener Proteine mit 4% Elutionspuffer, was 20 mM Imidazol entspricht. P2Ox wurde mit 100% Elutionspuffer entsprechend 500 mM Imidazol eluiert. Die Fraktionsgröße betrug 3 ml.

16.3 Umpufferung mittels Gelfiltration

Zur weiteren Analyse der Varianten musste das im Elutionspuffer enthaltene Imidazol entfernt werden, da dieses Salz bereits in moderater Konzentration beispielsweise die Proteinbestimmung oder Isoelektrische Fokussierung stört. Dazu wurde eine mit den entsprechenden Zielpuffern 100 mM KH_2PO_4 pH 7 (für Proteinbestimmung) bzw. H_2O_{dd} (Isoelektrische Fokussierung) äquilibrierte Gelfiltrationssäule (Q-Sepharose, XK 26/20_G_25; 58,4 ml Säulenvolumen) verwendet. In diesen Puffern fand auch der Lauf und die anschließende Elution statt. Die Fraktionsgröße betrug 8 ml.

17 Proteinbestimmung

Zur Bestimmung der Proteinkonzentration wurde der BCA Protein Assay Kit (Pierce) eingesetzt. Es handelt sich um eine Modifikation der Lowry-Methode (Hartree 1972) und beruht auf dem kolorimetrischen Nachweis eines violetten Bicinchoninsäure/Cu^{+}-Farbkomplexes, der durch die reduzierende Wirkung von Proteinen auf Cu^{2+}-Ionen und anschließender Inkubation mit Bicinchoninsäure entsteht (Redinbaugh & Turley 1986, Smith et al 1985, Wiechelman et al 1988).

Als Referenz wurde eine Eichgerade mit Rinderserumalbumin im Konzentrationsbereich von 25 µg/ml bis 2000 µg/ml erstellt. Die Proben wurden behandelt wie die Standards.

- 25 µl Eichgerade und 25 µl Probe pro Well einer 96-Well-Mikrotiterplatte vorlegen
- 200 µl Arbeitslösung (BCA und Kupfersulfat im Verhältnis 50:1) zugeben
- Platte für 30 min bei 37°C im Microplate Reader 680 XR (BioRad) inkubieren
- Mikrotiterplatte bei 562 nm im Reader automatisch vermessen

Die Auswertung der Daten erfolgte mit Hilfe des Programms Microsoft Excel.

18 SDS-Polyacrylamid-Gelelektrophorese (SDS-PAGE)

Die Reinheit der angereicherten P2Ox-Varianten wurde durch diskontinuierliche SDS-Polyacrylamid-Gelelektrophorese mit einem engmaschigen Trenngel (pH 8,8) und einem sauren, weitmaschigen Sammelgel (pH 6,8) überprüft (Laemmli 1970, Tulchin et al 1976). Unter denaturierenden Bedingungen lassen sich Proteine aufgrund ihrer Masse in Polyacrylamidgelen trennen (Stryer 2003). Durch Natriumdodecylsulfat (SDS) werden die nicht-kovalenten Wechselwirkungen in nativen Proteinen zerstört, Disulfidbrücken durch die Zugabe von *β*-Mercaptoethanol

reduziert. Die SDS-Anionen bilden einen stark negativ geladenen Komplex mit dem denaturierten Protein, dessen Ladung proportional zu Masse des Proteins ist.
Nach Beendigung der Elektrophorese wurden die Proteinbanden im Gel durch Coomassie-Blau sichtbar gemacht (Stryer 2003).

Trenngel 10%

Acrylamidstammlösung (40%)	2,50	ml
Trenngelpuffer	2,50	ml
H_2O_{deion}	5,00	ml
APS-Lösung	50,0	µl
TEMED	5,00	µl

Sammelgel 5%

Acrylamidstammlösung (40%)	1,25	ml
Sammelgelpuffer	2,50	ml
H_2O_{deion}	6,25	ml
APS-Lösung	50,0	µl
TEMED	10,0	µl

18.1 Probenvorbereitung

- Je 20 µl Probe mit 10 µl Probenpuffer versetzen
- 10 min im Wasserbad kochen
- Proben mit 150 V (250 mA) auftrennen (Mini-Protean3 Cell, Serva)
- Nach Eindringen der Proben in die Trenngele Stromstärke auf 200 V erhöhen
- Trennung beenden, wenn Bromphenolblaubande das Gelende erreicht hat

18.2 Coomassie-Färbung

Bei der Coomassie-Färbung und Fixierung (Zehr et al 1989) werden die Proteine im Gel gleichzeitig fixiert und gefärbt. Anschließend wurde solange entfärbt, bis das Gel im Hintergrund der Proteinbanden farblos war (Weber & Osborn 1969a). Die eingesetzte Proteinkonzentration lag bei 2 – 35 µg pro Bande.

Variante 1:

- Gele 2 h in Fixierer/Färbelösung bei RT auf Kippschüttler (GFL) inkubieren
- Gele mit Fixierer entfärben, dabei alle 30 min Lösungswechsel

Variante 2:

- Gele mit Fixierer/Färbelösung bedecken
- Gele für 3 x 30 s bei 360 Watt in der Mikrowelle (FM411, Moulinex) inkubieren
- Gele mit Fixierer entfärben, dabei alle 30 min Lösungswechsel

18.3 Quantifizierung der Proteinbanden

Das Massenverhältnis der Proteinbanden wurde mittels quantitativer Densitometrie bestimmt, um das Verhältnis von löslicher P2Ox im Rohextrakt zu unlöslichen *inclusion bodies* im Zellpellet zu ermitteln. Bei einer mit Coomassie gefärbten Bande ist die Farbdichte (Farbmenge pro Flächeneinheit) proportional zu ihrem Proteingehalt (Weber & Osborn 1969b). Die Berechnung und Auswertung erfolgte mit Hilfe der Software *QuantityOne*© (BioRad).

19 Bestimmung der P2Ox-Aktivität

19.1 ABTS-Assay nach Danneel (1990)

Die P2Ox katalysiert die Oxidation einer Reihe von Kohlenhydraten zu ihren entsprechenden 2-Keto-Formen. Dabei findet ein Elektronentransfer vom jeweiligen Substrat auf ein Sauerstoffmolekül unter Bildung von Wasserstoffperoxid (H_2O_2) statt. Da die Bildung von H_2O_2 stöchiometrisch erfolgt, kann sie als Grundlage für ein photometrisches Testverfahren eingesetzt werden (Danneel 1990). Dazu wird im Rahmen einer Indikatorreaktion das Chromogen ABTS eingesetzt. Es stellt ein reversibles Oxidationssystem dar, das zweifach oxidiert werden kann. Bei einem ersten Elektronenübergang entsteht ein grünes Radikalkation, bei einer weiteren Oxidation kommt es zur Bildung des violetten Azodikations. ABTS wird mit H_2O_2 und dem Enzym Peroxidase zu Wasser und dem grünen Radikalkation $ABTS^+$ umgesetzt, dessen Absorption bei 420 nm gemessen werden kann. Dabei entstehen pro Substratmolekül zwei Moleküle $ABTS^+$. Der Einsatz des Testverfahrens erfolgte unter Standardbedingungen (30 °C, pH 7,0 in 100 mM KH_2PO_4-Puffer).

Reaktionsschema: Substrat + O_2 ⟶ Keto-Derivat + H_2O_2

$$2\,ABTS + H_2O_2 + 2H^+ \longrightarrow 2\,ABTS^+ + 2\,H_2O$$

Die photometrischen Messungen wurden in 1 ml-Kunststoffküvetten der Schichtdicke 1 cm im Spektralphotometer (Shimadzu UV-120-02) durchgeführt. Der Küvettenblock, sowie die Zuckerlösungen wurden auf 30°C aufgeheizt. Die Bildung von grünem $ABTS^+$ wurde als Extinktionszunahme bei 420 nm mit einem Schreiber (BD 44, Kipp & Zonen) erfasst.

19.2 Berechnung der Volumenaktivität und der spezifischen Aktivität

Die Bestimmung der Volumenaktivität der P2Ox basierte auf dem Umsatz von D-Glucose, dem bevorzugten Substrat der P2Ox, mit dem eine Standardisierung des ABTS-Tests (vgl. Kapitel II19) für die verschiedenen P2Ox-Varianten möglich ist. Eine Messung unter v_{max}, der höchst möglichen Reaktionsgeschwindigkeit, wurde durch die hohe Konzentration des eingesetzten Substrats (1 M) gewährleistet. Die Berechnung der Volumenaktivität der P2Ox, ausgedrückt in U/ml oder in $\mu mol \cdot min^{-1} \cdot ml^{-1}$, wurde nach folgender Formel berechnet (Bergmeyer & Gawehn 1977):

$$Volumenaktivität\ [U/ml] = \frac{\Delta E * V_k}{v_p * \varepsilon * d * t * 2}$$

1 Unit = die Menge an Enzym, die 1 µmol Substrat pro Minute umsetzt
ΔE/min = Extinktionsänderung bei 420 nm pro Zeiteinheit [min^{-1}]
V_k = Volumen Küvette [ml]
vp = Volumen Probe [ml]
t = Zeit [min]
d = Schichtdicke der Küvette [cm]
ε = mol. Extinktionskoeff. ABTS = 43,2 [$ml\ \mu mol^{-1}\ cm^{-1}$] (Michal et al 1983)
Faktor 2 = pro Molekül D-Glucose entstehen zwei Moleküle $ABTS^+$

Die spezifische Aktivität eines Enzyms beschreibt das Verhältnis aktiven Enzyms zum Gesamtproteingehalt einer Probe und ist somit Maß sowohl für die Reaktivität einer Variante als auch für ihre Reinheit. Ausgedrückt wird dieses Maß als U/mg, seine Einheit ist $\mu mol \cdot min^{-1} \cdot mg^{-1}$.

19.3 P2Ox Assay mit *p*-Benzochinon

Beim Einsatz in Biokonversionen wird das von der P2Ox gebildete H_2O_2 von der zugegebenen Katalase wieder zu Sauerstoff und Wasser abgebaut und kann daher nicht im ABTS-Test erfasst werden (Kujawa et al 2007). Um die Aktivität der P2Ox während und nach einer Biokonversion zu verfolgen, wird daher ein Assay verwendet, bei dem die Elektronen direkt auf ein Chinon übertragen werden. Im Falle des 1,4-*p*-Benzochinons entsteht dabei das korrespondierende Hydrochinon, wobei das Chinon durch ein Substratmolekül stöchiometrisch zweifach reduziert werden kann. Diese Reaktion kann anhand einer Absorptionsabnahme bei 325 nm bzw. einer Zunahme bei 290 nm verfolgt werden. Der Test erfolgte unter Standardbedingungen (30 °C, pH 6,5 in 100 mM KH_2PO_4), wobei das Chinon gesättigt eingesetzt wurde (2 mM Küvettenkonzentration). Die photometrischen Messungen wurden in 1 ml-Quarzküvetten der Schichtdicke 1 cm im Spektralphotometer (Shimadzu UV-120-02) durchgeführt. Der Küvettenblock, sowie die Zuckerlösungen wurden auf 30 °C aufgeheizt. Die Bildung von Hydrochinon wurde als Extinktionszunahme bei 290 nm bzw. -Abnahme bei 325 nm mit einem Schreiber (BD 44, Kipp & Zonen) erfasst. Die Berechnung der Volumenaktivität erfolgte analog zu Kapitel 19.2, wobei ein Extinktionskoeffizient für *p*-Benzochinon von ε_{325nm} = 0,13 mM^{-1} cm^{-1} und für Hydrochinon von ε_{290nm} = 2,24 mM^{-1} cm^{-1} ermittelt und zur Berechnung verwendet wurde.

20 Screening nach verbesserten Enzymvarianten

Um das *error prone*-PCR-Produkt (vgl. Kapitel II8) nach verbesserten P2Ox-Varianten zu durchsuchen, wurde es gefällt (vgl. Kapitel II6.5) und in den Expressionsvektor pET-24a(+) kloniert (vgl. Kapitel II9.1). Elektrokompetente BL21Gold(DE3) pLysS-Zellen wurden mit dem vollständigen Ligationsansatz transformiert (vgl. Kapitel II12.1). Das Screening fand unter Einsatz von 96 Well-Mikrotiterplatten (Greiner BioOne) statt, um möglichst viele Kolonien gleichzeitig auf ihre relative Aktivität bezüglich verschiedener Substrate zu testen (vgl. Kapitel II5.2 und II14.1.2).

20.1 Induktion der P2Ox Produktion

Nach 2 h Wachstum der Bakterien bei 37 °C und 200 rpm wurde die P2Ox-Produktion durch Zugabe von 20 µl IPTG-Lösung/Well induziert (Endkonzentration 1 mM). Die Mikrotiterplatten wurden 24 h bei 20 °C und 200 rpm inkubiert (Rotationsschüttler GFL 3020) (vgl. Kapitel II14.1.2). Der Zellaufschluss in Mikrotiterplatten erfolgte durch Zelllyse mit Triton-X 100 und zelleigenem Lysozym (vgl. Kapitel II15.1.2).

20.2 ABTS-Test im Mikrotiterplattenmaßstab

Im Mikrotiterplattentest wurde die klare Enzymlösung des hitzegefällten Zelllysats eingesetzt. Als Substrate dienten D-Glucose (Bezugswert), Galactose, Arabinose und 2-Desoxy-D-glucose. Die spektrophotometrische Vermessung der Mikrotiterplatten fand mit dem Microplate Reader 680 XR (BioRad) und der zugehörigen Software Microplate Manager (BioRad) statt.

Tabelle 16: Mastermix (für eine 96 Well-Mikrotiterplatte). Die Zugabe der Peroxidaselösung zum Mastermix erfolgte unmittelbar vor dem Reaktionsstart.

Reaktionskomponente	Volumen [ml]	Endkonzentration im Well
ABTS-Lösung	15,6	2 mM
Substratlösung	2,0	100 mM
Peroxidaselösung	0,4	20 U/ml

Für die Messung wurden in leere Mikrotiterplatten pro Well 20 µl der Enzymlösung (Überstand nach Hitzefällung, vgl. Kapitel II15.1.2) vorgelegt und 180 µl des jeweiligen Reaktionsmixes zugegeben. Die Platten wurden sofort in den auf 30°C vorgewärmten Reader gestellt und die Messung bei 420 nm gestartet. Der Extinktionswert eines jeden Wells wurde vom Reader mit einer 8-Kanal Detektionseinheit über einen Zeitraum von 3 min alle 15 s automatisch gemessen und gespeichert. Die Rohdaten wurden anschließend mit dem Programm Microsoft Excel bearbeitet.

20.3 Auswertung der photometrischen Daten

Da ein linearer Zusammenhang zwischen Extinktionsänderung (ΔE) und Zeit (t) besteht, lässt sich die Extinktionsänderung pro min für jedes Well über die Berechnung der Geradensteigung ermitteln. Die resultierenden Werte wurden in einer Tabelle als relative Enzymaktivitäten dargestellt. Dabei wurde D-Glucose eine Aktivität von 100% zugeordnet, die Werte der anderen Zucker wurden dazu in Bezug gesetzt, weil die absoluten Aktivitäten der einzelnen P2Ox-Varianten für die jeweiligen Substrate dabei nicht direkt untereinander verglichen werden konnten, da die Enzymkonzentration in den Wells nicht genormt vorlag. Vielversprechende Varianten wurden selektiert, angezogen und exprimiert.

21 Biochemische Charakterisierung der P2Ox-Varianten

21.1 Erstellung von Strukturbildern der P2Ox

Bilder und Ausschnittsbilder aus der P2Ox-Struktur und virtuelle Mutationen wurden anhand der Strukturdaten der P2Ox aus *Peniophora* sp. (Bannwarth et al 2004) mit dem Swiss-PdbViewer Version 3.7 (Guex & Peitsch 1997) und der Modelling-Software YASARA Version 7.9.3 erstellt (Krieger et al 2002).

21.2 Isoelektrische Fokussierung (IEF)

Bei der isoelektrischen Fokussierung werden Proteine aufgrund ihres relativen Gehalts an sauren und basischen Resten elektrophoretisch aufgetrennt (Stryer 2003). Der isoelektrische Punkt (pI) eines Proteins ist derjenige pH-Wert, bei dem die Nettoladung und die elektrophoretische Beweglichkeit des Proteins gleich Null ist. In einem pH-Gradienten in einem Gel ohne SDS-Zusatz wandert jedes aufgetragene Protein so weit, bis es eine Position im Gel erreicht hat, die seinem pI entspricht. Den pH-Gradienten des Gels stellt man durch Elektrophorese eines Gemischs von Polyampholyten, kleinen vielfach geladenen Polymeren mit unterschiedlichen pI-Werten, her. Mit der IEF kann man Proteine trennen, deren pI-Werte sich nur um 0,01 pH-Einheiten unterscheiden (Radola 1980). Im Vorfeld wurden alle in Elutionspuffer mit Imidazol gelagerten Proben zur Entsalzung durch mehrfache Zentrifugation über Zentrifugalkonzentratoren (Vivaspin 15R, Sartorius) bzw. Gelfiltration (vgl. Kapitel II16.3) in Wasser umgepuffert. Als Gele dienten Servalyt Precotes pH 3-10 (150 µm, 125 mm x 125 mm, Serva) und als Marker Proteinstandard P9 (IEF-Marker 3 – 10, Serva, vgl. Abbildung 58).

- Proben in H_2O_{deion} umpuffern
- Vorfokussierungsbedingungen: low range, U_{Grenze} = 2.000 V, P_{Grenze} = 6 W (IEF Multiphor II, LKB Bromma); bis U = 500 V
- Proben auftrennen
- Gel nach Erreichen der Spannungskonstanz (max. 2.000 V) für mindestens 20 min in 200 ml TCA inkubieren
- Gel 1 min mit 200 ml Entfärbelösung waschen
- Gel 5 - 7 min in Färbelösung inkubieren
- Gel 10 min in Entfärbelösung entfärben, dann 10 min in frischer Entfärbelösung waschen

21.3 Bestimmungen der K_m-Werte und Berechnung von k_{cat}

Die Michaelis-Konstante K_m ist ein für Enzym und Substrat charakteristischer Wert, der von Größen wie pH, Temperatur, Sauerstoffsättigung etc. abhängig ist. Er entspricht der Substratkonzentration [S], bei der die Reaktionsgeschwindigkeit v die Hälfte ihres Maximalwertes v_{max} erreicht. Die drei Größen sind über die Michaelis-Menten-Gleichung miteinander verknüpft (Stryer 2003).
Verschiedene Enzymkonzentrationen wurden auf ihre Aktivität gegenüber verschiedenen Substraten getestet. Dafür wurden bei 30°C Vierfachbestimmungen der jeweiligen Substratkonzentration mit Hilfe des ABTS-Tests gemessen, der Mittelwert bestimmt und nach der Reaktionsgeschwindigkeit aufgelöst. Die graphische Darstellung erfolgte in Lineweaver-Burk-Diagrammen. Anhand der Geradengleichung konnte der K_m-Wert berechnet werden. Aus den Vierfachbestimmungen der verschiedenen Enzymkonzentrationen wurde eine Standardabweichung ermittelt.
Da Pyranose-2-Oxidasen ihre maximale Reaktionsgeschwindigkeit nur unter Sauerstoffsättigung erreichen und die verwendeten P2Ox-Varianten bei pH 7 einen K_m für Sauerstoff von 0,3 mM besitzen, kann unter einer maximalen O_2-Sättigung der Reaktionslösung von 0,24 mM (ausgehend von Normaldruck und einer maximalen Löslichkeit von 7,6 mg/l bei 30°C in H_2O) v_{max} nicht erreicht werden. Es handelt sich daher bei den errechneten Werten um apparente K_m-Werte.
Der k_{cat}-Wert (auch Wechselzahl oder *turnover number*) berechnet sich aus der spezifischen Aktivität V_{max} [$\mu mol*min^{-1}*mg^{-1}$] (vgl. Kapitel II19.2) multipliziert mit dem Molekulargewicht [g/mol], wobei V_{max} zu folgenden Einheiten umgerechnet werden muss: [$mol*s^{-1}*g^{-1}$]. Dann gilt:

$$V_{max} * mw\left[\frac{g * mol}{g * mol * s}\right] = k_{cat}\left[s^{-1}\right] \text{ und } \frac{k_{cat}}{K_m}\left[\frac{1}{M * s}\right] = \textit{katalytische Effizienz}$$

Die Auswertung der Daten dieser und der folgenden Tests zur Charakterisierung erfolgte mit Hilfe des Programms Microsoft Excel.

21.4 Temperaturstabilität

Die Stabilität des Enzyms bei einer bestimmten Temperatur wurde innerhalb einer Stunde gemessen. Das Enzym wurde im 100 mM KH_2PO_4-Puffer verdünnt und seine Aktivität vor Inkubationsstart mit dem ABTS-Test gemessen. Dann wurde die Probe bei der entsprechenden Temperatur inkubiert. Während der ersten 15 min fand alle

5 min ein Aktivitätstest mit 1 M D-Glucose statt. Danach wurden alle 15 min Messungen durchgeführt. Alle Werte wurden durch Doppelbestimmungen verifiziert.

21.5 pH-Stabilität

Für die Bestimmung ihrer pH-Stabilität wurden die P2Ox-Varianten in verschiedenen Puffern (vgl. Kapitel II3) von pH 3,0 bis pH 13,0 bei 30℃ über 30 min inkubiert. Die Aktivität zum Zeitpunkt des Starts der Inkubation und die Restaktivität [%] nach 30 min Inkubation wurden mit dem Standard-ABTS-Test gemessen und miteinander verglichen. Alle Messwerte stellten Doppelbestimmungen dar.

21.6 pH-Optimum

Für die Bestimmung der pH-Optima der P2Ox-Varianten wurden in getrennten Ansätzen mehrere 1 M D-Glucose- sowie ABTS-Lösungen unter Verwendung verschiedener Puffer (vgl. Kapitel II3) hergestellt. Die Puffer deckten den Bereich von pH 3,0 bis 13 ab. Die Verdünnung der Enzymlösung erfolgte ebenfalls in dem jeweiligen Puffersystem. Die jeweils höchste Aktivität wurde als 100% angenommen und mit den restlichen Aktivitäten ins Verhältnis gesetzt. Die Messungen erfolgten nach dem Prinzip des ABTS-Tests und sind Doppelbestimmungen.

22 Biokonversion

Biokonversionen mit P2Ox-Varianten fanden unter Begasung mit reinem Sauerstoff (250 ml/min) in einem 100 ml Titrationsgefäß (Metrum) bei einer Rührgeschwindigkeit von 400 rpm und 22℃ statt. Es wurden je nach Fragestellung unterschiedliche Volumina, Konzentrationen und Puffer gewählt (vgl.Tabelle 17).

Tabelle 17: Reaktionsansätze für die Konversion verschiedener Zucker.

Substrat	Konzentration [mM]	Volumen [ml]	Katalase (Sigma) [U]	P2Ox [U]
D-Glucose	500	15	18000	12
L-Sorbose	1000	2000	4000000	1800
---	600	500	1000000	1000
2-Desoxy-D-glucose	100	10	80000	5
6-Desoxy-D-glucose	250	100	180000	50
---	250	10	18000	5

Die quantitative Analyse der Endprodukte und der zu verschiedenen Zeitpunkten gezogenen Proben erfolgte mit HPLC. Die Reaktionsprodukte wurden von den Proteinen mit Ultrafiltration durch eine YM10-Membran (Amicon) getrennt, Proben wurden mit Vivaspin 500- Ultrafiltrationseinheiten (10000 MWCO, Sartorius) filtriert.

22.1 Produktreinigung

Im Anschluss an die Ultrafiltration wurden die Reaktionsprodukte in Rundkolben bei -70℃ gefroren und im Lyophilisator Alpha 1-4 LD_{plus} (Christ) getrocknet. Hygroskopische Produkte wurden am Anschluss unter Vakuum bei 4℃ aufbewahrt.

22.2 Produktbestimmung durch HPLC

Die Bestimmung des Substratumsatzes und der Produktbildung erfolgte mit Hilfe von HPLC an einer H^+- oder Ca^{2+}-beladenen Säule (Rezex ROA-Organic Acid H^+ bzw. Rezex RCM Monosaccharide Ca^{2+} 300 x 7,8 mm, Phenomenex), welche auf 80℃ temperiert war. Als isokratischer Eluent diente $H_2O_{millipore}$ mit einer Flussrate von 0,25 - 0,5 ml/min. Die Detektion erfolgte mit einem auf 35℃ temperierten Brechungsindexdetektor (Beckmann 156 Refractive Index Detektor), an den ein Integrator (Shimadzu C-RCA Chromatopac) angeschlossen war. Anhand der Retentionszeiten und der integrierten Peakflächen der eingespritzten Zucker-standards (5 – 50 mM) konnte der Anteil von Produkt und Substrat bestimmt werden. Proben wurden filtriert (Vivaspin 500, 10000 MWCO, Sartorius) und mit H_2O_{dd} auf maximal 10 mM verdünnt.

22.3 Produktbestimmung durch Dünnschichtchromatographie (DC)

Durch DC-Analytik wurden die Reaktionsprodukte der Umsätze mit 2- und 6-Desoxy-D-glucose identifiziert. Hierzu wurden beschichtete Aluminiumfolien (Kieselgel 60, Merck) verwendet, auf denen sich die Substanzen bei Kammersättigung aufsteigend im Fließmittel trennten (Brechtel 1995). Dazu wurden 3 µl gefilterte Probe (Nanosep 10K Omega Säulen, Pall) des jeweiligen Umsatzes aufgetragen. Als Fließmittel wurde ein Gemisch aus Phenol und Wasser (4:1) bzw. Aceton, Butanol und Wasser (4:5:1) verwendet. Nach Beendigung der Trennung wurden die DC-Aluminiumfolien getrocknet und anschließend mit 2,4-Dinitrophenylhydrazin (Huwig et al 1994) bzw. *p*-Anisaldehyd-Sprühreagenz entwickelt. 2,4-Dinitrophenylhydrazin bildet bei Raumtemperatur mit Aldehyden und Ketonen ein gelbes Hydrazon, durch Zuführung von Hitze kommt es zur Osazonbildung. *p*-Anisaldehyd bildet mit Aldehyden und Alkoholen nach Erhitzen einen violetten Niederschlag, welcher nach wenigen Sekunden >100℃ verkohlt.

22.4 Produktbestimmung durch NMR

Die so genannte kernmagnetische Resonanz (engl. *nuclear magnetic resonance*, NMR) entsteht, wenn Atomkerne, die einen Spin (Eigendrehimpuls) aufweisen (z.B. ^{1}H, ^{13}C, ^{15}N, ^{31}P), einem statischen Magnetfeld ausgesetzt und gleichzeitig mit einem zweiten, oszillierenden Magnetfeld konfrontiert werden. Bei einem bestimmten Wert dieses zweiten oszillierenden Magnetfeldes treten die Kerne in Resonanz und wechseln die Ausrichtung ihres Spins. Dies wird in der NMR-Spektroskopie in Form der Resonanzabsorption gemessen. Da die Resonanzabsorption vom Atomtyp und der chemischen Umgebung einer Probe abhängig ist, liefert sie Informationen über die Struktur einer Substanz (Purcell et al 1946).
Zur Identifizierung der Produkte und zur Bestimmung des Reinheitsgrads wurden von den verwendeten und gebildeten Zuckern Proben auf einem 500 MHz NMR-Spektrometer (Bruker Avance 500/ Bruker DRX 500) analysiert. Dazu wurden 20 mg jeder Probe in schwerem Wasser (D_2O) gelöst. Die aufgenommenen ^{13}C und ^{1}H-Spektren wurden mit den Literaturwerten abgeglichen (Freimund et al 1998).

23 MALDI-TOF MS

Um das Oxidationsverhalten der P2Ox vorallem vor und nach Einsatz in Biokonversionen zu beobachten, wurde das Enzym sequenzspezifisch fragmentiert (vgl. Kapitel II23.1.1 und 23.1.2) und diese Fragmente massenspektrometrisch aufgetrennt und mit ihren *in silico* erstellten Äquivalenten verglichen. Anhand der detektierten Fragmentmasse sollte so festgestellt werden, in welcher Situation und an welchen Aminosäurepositionen es zu Oxidationen kommt.

23.1 Fragmentierung der P2Ox durch Proteaseverdau

23.1.1 Trypsinverdau

Die Endopeptidase Trypsin schneidet Proteine selektiv hinter Lysin, Arginin und modifizierten Cysteinen. Sie weist entsprechend ihrem natürlichen Ursprung im Dünndarm bei pH 8 - 9 die höchste Aktivität auf, weshalb der Verdau bei pH 8 in

20 mM $NH_4(CO_3)_2$ durchgeführt wurde. Die Bestandteile des Puffers verflüchtigen sich bei der Kristallisierung der Probe und stellen somit keinen Störfaktor für die Messung dar. Vor dem Verdau wurde die P2Ox in $NH_4(CO_3)_2$ umgepuffert (vgl. Kapitel II16.3). Im Anschluss wurden 30 µl der Proteinlösung (2 µg/µl) mit 1 µl Trypsin für 16 h bei 37°C auf einem Schüttler (Multitron) inkubiert. Der Verdau wurde durch Inkubation bei -20°C gestoppt.

23.1.2 Pepsinverdau

Die aus dem Schweinemagen stammende saure Endopeptidase Pepsin A spaltet Peptidbindungen vorrangig C-terminal der Aminosäuren Phenylalanin, Leucin und Glutamat und weist ihre höchste Aktivität im Bereich von pH 1,3 bis 3 auf.
Darum wurde die P2Ox zunächst in 20 mM $NH_4(CO_3)_2$ der pH-Stufen 1,3 und 2,3 umgepuffert, im gleichen Puffer wurde auch das an Agarosekügelchen immobilisierte Pepsin gemäß Herstellerangaben (Pierce) äquilibriert. 250 µl der Proteinlösung (2 µg/µl) wurde mit 125 µl Pepsin für 16 h bei 37°C und 220 rpm im Schüttler (Multitron) verdaut. Danach wurde das Pepsin durch 10-minütige Zentrifugation bei 13000 rpm sedimentiert und der Überstand mit verdauter Proteinprobe abgetrennt.

23.1.3 Aufnahme der Massenspektren

Die Massenbestimmung mittels MALDI (*Matrix Assisted Laser Desorption/ Ionisation*) beruht auf der Erzeugung von Ionen, welche im Hochvakuum durch Anlegen eines elektrischen Feldes beschleunigt werden. Mit Hilfe eines Flugzeitanalysators (*time of flight*, TOF) können sie erfasst und analysiert werden. Die Probe wird hierzu in einem Kristallgitter eingebettet, welches den größten Teil der Laserenergie absorbiert und einen geringeren Teil davonauf den Analyt überträgt. So werden Ionen erzeugt und in einem elektrischen Feld beschleunigt, wobei alle gleich geladenen Ionen die selbe Energie erhalten. Nach Verlassen der Flugröhre besitzen die Ionen abhängig von ihrer Masse verschiedene Geschwindigkeiten. Nach Eichung mit Referenzsubstanzen bekannter Masse lässt sich die Masse der Probensubstanz anhand ihrer Flugzeit bestimmen.
Die Analysen wurden mit einem MALDI-TOF MS/MS 4800 Massenspektrometer (Applied Bioscience) mit einem Neodynlaser zur Ionenerzeugung durchgeführt. Die Datenerfassung erfolgte im *positive reflection mode.* Die Peptidproben (vgl. Kapitel II23.1.1 und 23.1.2) wurden 1:1 mit einer Sinapinsäurematrix gemischt und auf dem Target auskristallisiert. Die aus der Messung erhaltenen Massenpeaks wurden mit

den Massenfingerprints verglichen, die zuvor durch *in silico*-Verdau erstellt wurden (MS Mascot, University of California).

III Experimente und Ergebnisse

In vorangegangenen Arbeiten wurde aus dem Weißfäulepilz *Peniophora gigantea* eine Pyranose-2-Oxidase kloniert, rekombinant exprimiert und gentechnisch verbessert (Bastian et al 2005). Zudem wurde das Enzym bereits durch *error prone*-PCR für die Konversion des seltenen Zuckers 2-Desoxy-D-glucose verbessert sowie Mutageneseexperimente als Vorversuche zur Thermo- und Sauerstoffstabilität durchgeführt (Dorscheid 2005). Im Rahmen dieser Arbeit sollte nun die Optimierung des Enzyms für 2-Desoxy-D-glucose und weitere seltene Zucker bis zur Herstellung der Produkte in Form von Feststoffen fortgeführt, sowie die Expression der P2Ox durch Erhöhung ihrer Löslichkeit und der Expressionsbedingungen verbessert werden. Ein weiteres Ziel war es, die Inaktivierung durch Sauerstoff zu untersuchen und das Enzym durch gezielte Mutagenese zu stabilisieren.

1 Gerichtete und Zufallsmutagenese zur Substratoptimierung

Die P2Ox aus *Peniophora gigantea* setzt Zucker wie die 2-Desoxy-D-glucose, die keine Oxidation an der bevorzugten C2-Position erlauben, mit einer vergleichsweise geringen Affinität um. Ähnliches gilt auch für weitere Abweichungen von der Struktur des Hauptsubstrates, der D-Glucose, wobei die räumliche Anordnung der Hydroxylgruppen eine entscheidende Rolle spielt (vgl. Abbildung 6). Da gerade die Produkte der Oxidation dieser ungewöhnlichen Zucker interessante Intermediate für die Kohlenhydratfeinchemie und die Synthese seltener Zucker darstellen, wurde bereits in einer vorangegangenen Arbeit versucht, mit Hilfe von Zufallsmutagenese die Affinität zu 2-Desoxy-D-glucose zu verbessern (Dorscheid 2005). Im Rahmen der vorliegenden Arbeit sollte ausgehend von P2OxB2H als Template die Optimierung für dieses Substrat fortgeführt und auf L-Arabinose und D-Galactose erweitert werden.

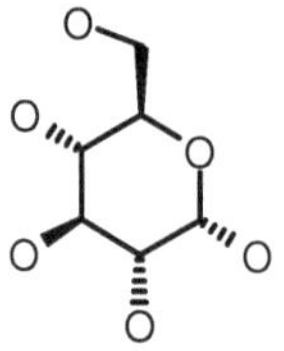

D-Glucose 100% D-Xylose 98% L-Sorbose 150%

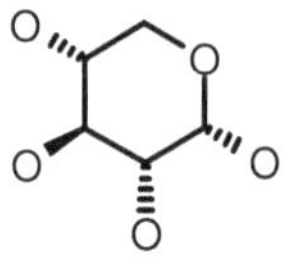

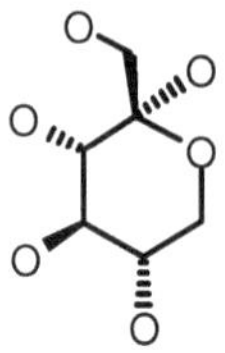

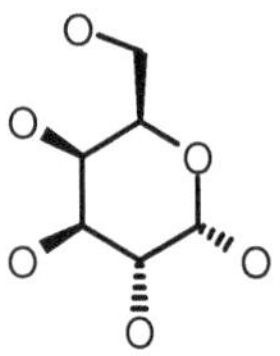

D-Galactose 10% L-Arabinose 2,7% 6-Desoxy-D-glucose 119% 2-Desoxy-D-glucose 16%

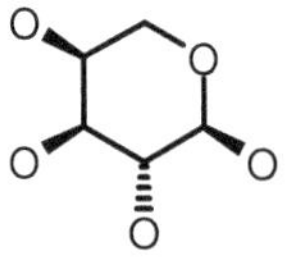

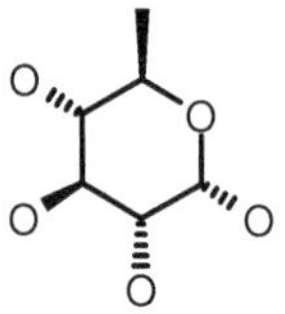

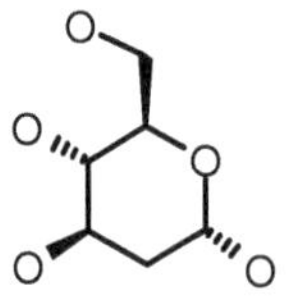

Abbildung 6: Ringform der wichtigsten Substrate der P2OxB2H mit Angabe der relativen Enzymaktivität in %, bezogen auf D-Glucose.

1.1 *Error prone*-PCR: Gerichtete Evolution der P2OxB2H

Zur Einführung zufälliger Mutationen in das in pET24a(+)-klonierte Gen der P2OxB2H wurde die *error prone*-PCR verwendet, deren Prinzip auf der natürlichen Fehlerrate der eingesetzten *Taq*-Polymerase beruht (vgl. Kapitel II8). Da mit steigender Mutationsrate die Wahrscheinlichkeit sinkt, in einem Enzym eine Vorteilsmutation zu generieren (Arnold & Moore 1997), wurden die PCR-Bedingungen durch Variation der $MgCl_2$- und $MnCl_2$-Konzentration auf eine statistische Mutationsrate von 1-3 bp/1 kb eingestellt (vgl. Kapitel II8), was durch stichprobenartige Sequenzanalyse bestätigt wurde (vgl. Kapitel II13). Die beste Mutationsrate mit ausreichend PCR-Produkt für die folgende Klonierung wies eine Kombination von 0,6 mM $MgCl_2$ mit 0,15 mM $MnCl_2$ auf. Bei geringeren Konzentrationen kam es vermehrt zum Auftreten unmutierter Gene in der Variantenbibliothek, bei höheren Salzgehalten wurde die Aktivität der *Taq*-Polymerase soweit gestört, dass nicht mehr ausreichend PCR-Produkt gebildet wurde. Eine Variation der dNTP-Verhältnisse führte nicht zu einer signifikanten Erhöhung der Mutationsrate.

Klonierung und Transformation

Die erhaltenen PCR-Produkte wurden gemäß Kapitel II6.2 restringiert, in pET24a(+) kloniert (vgl. Kapitel II9) und in elektrokompetente Zellen des Stammes *E.coli* BL21Gold(DE3)pLysS transformiert (vgl. Kapitel II12). Dieser Stamm wurde gewählt, um einen Aufschluss im Mikrotiterplattenmaßstab zu erleichtern (vgl. Kapitel II14.1.3 und II15.1.2), da das exprimierte Lysozym durch Inkubation mit Detergenz-haltigem Puffer die Zellen zur Lyse bringt und so die überexprimierte P2Ox freisetzt.

Kolorimetrisches Screening

Von den Transformanten wurden Masterplatten angefertigt, welche nach Erreichen einer ausreichenden Zellmasse in Mikrotiterplatten (Greiner BioOne) umgeimpft und induziert wurden (vgl. Kapitel II14.1.3, II15.1.2). Die von den erhaltenen Transformanten exprimierten P2Ox-Varianten sollten nach solchen untersucht werden, deren Substratumsatz im Vergleich zur P2OxB2H verbessert war. Das Screening erfolgte im *medium throughput*-Verfahren in 96-Well-Platten mit Hilfe des ABTS-Tests (vgl. Kapitel II20.2). Mit diesem kolorimetrischen Test kann die nach Zellaufschluss erhaltene Enzymsuspension indirekt durch Nachweis des bei der Oxidation der Substrate entstehenden H_2O_2 auf ihre relative Aktivität hin überprüft werden. Hierbei wird das Chromogen ABTS von H_2O_2 und in der Screeninglösung enthaltener Peroxidase zu dem grünen Radikalkation $ABTS^+$ umgesetzt, welches bei 414 nm mit Hilfe eines automatischen Readers (Microplate Reader 680 XR, BioRad) photometrisch vermessen werden kann (vgl. Kapitel II19, II20). Als Referenz diente hierbei jeweils eine identische Replikaplatte, die mit D-Glucose als Substrat vermessen wurde. Die Aktivitäten der jeweiligen Wells wurden prozentual aufeinander bezogen, da es bei diesem Screening nicht möglich ist, in jedem Well die gleiche P2Ox-Konzentration zu gewährleisten. Abbildung 7 zeigt exemplarisch zwei Mikrotiterplatten nach dem Standardtest. Der Vergleich zwischen beiden Platten zeigt eine deutliche Diversität in der Variantenbibliothek. Außerdem fällt auf, dass einige Klone beiden Substraten gegenüber keine Aktivität aufweisen. Dies weist auf inaktives Enzym, ligationsdefiziente Klone oder mangelndes Wachstum hin, daher wurden solche Klone verworfen.

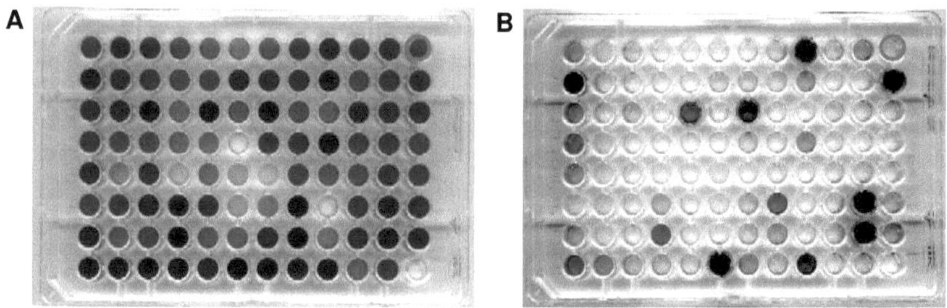

Abbildung 7: ABTS-Test im 96-Well-Format. Getestet wurden P2OxB2H-Varianten im Standard-ABTS-Verfahren mit 100 mM Substratlösung/Well. A) D-Glucose; B) 2-Desoxy-D-glucose. Als Kontrolle diente P2OxB2H (rote Markierung).

Die Auswertung des Verhältnisses von D-Glucose zu den Targetsubstraten 2-Desoxy-D-glucose, L-Arabinose und D-Galactose erfolgte in MS Excel (Daten nicht gezeigt).

1.1.1 Ergebnisse des kolorimetrischen Screenings

Es wurden 4320 Klone mit Hilfe des kolorimetrischen Screenings getestet. Davon zeigten 14 Varianten eine verbesserte relative Aktivität gegenüber einem oder mehreren Targetsubstraten und wurden daher zur weiteren biochemischen Selektion angereichert. Die Auswahl wurde dabei auf 2 Kandidaten eingeschränkt, indem Varianten mit allgemein verschlechterten katalytischen Eigenschaften verworfen wurden. Die Varianten wurden nach Screeningrunde (z.B. ep2), Masterplatte (z.B. XIB) und Wellnummer (z.B. D2) benannt. Die K_m-Werte der isolierten Varianten sind in Tabelle 18 dargestellt. Aufgrund der verbesserten K_m-Werte für D-Galactose (ep2VIA4), L-Arabinose (ep2VIB2) und 2-Desoxy-D-glucose wurden beide Varianten zur näheren Charakterisierung herangezogen.

Tabelle 18: Relative Aktivitäten und K_m-Werte selektierter P2Ox-Varianten. Die K_m-Werte wurden mittels ABTS-Test bei verschiedenen Substratkonzentrationen gemessen und durch Auftragung im Lineweaver-Burk-Diagramm bestimmt.

	Relative Aktivitäten [%]			K_m-Werte [mM]		
Substrat	B2H	ep2VI A4	ep2VI B2	B2H	ep2VI A4	ep2VI B2
Glucose	100	100	100	0,4	0,4	0,5
D-Galactose	10	19,5	10	6,1	3,4	5,5
L-Arabinose	2,7	2,6	4,6	25	30	16
2d-D-Glucose	16	14	14	99	41	43

1.1.2 Anreicherung und Charakterisierung der P2OxB2H-Varianten

Die P2OxB2H-Varianten wurden exprimiert und gemäß Kapitel II14.1.1, II15.1.1 und II16 durch Hitzefällung und Ni-Sepharose-Affinitätschromatographie aufgereinigt (vgl. Abbildung 8). In Tabelle 19 und Tabelle 20 sind die Anreicherungen der Enzyme aus einer 250 ml-Schüttelkultur dargestellt, die Aktivitätsmessungen fanden mit D-Glucose statt.

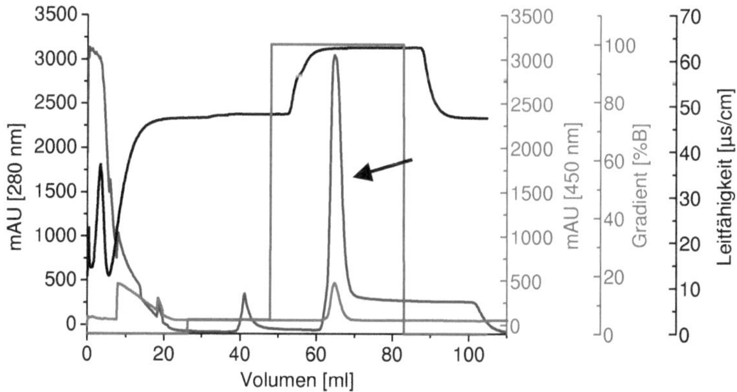

Abbildung 8: Anreicherung der P2Ox an Nickelsepharose. Absorption bei 280 nm (blau), Absorption bei 450 nm (rot), Leitfähigkeit (schwarz), Stufengradient (grün). Die P2Ox-Aktivität wurde in 2 ml-Fraktionen mit dem Standardtest ermittelt. Pfeil: P2Ox-Peak.

Tabelle 19: Reinigungstabelle der P2Oxep2VIA4.

	Gesamtaktivität [U]	Gesamtprotein [mg]	Spez. Aktivität [U/mg]	Ausbeute [%]	Anreicherung [-fach]
Rohextrakt	61,2	121	0,51	100	1
Hitzefällung	60,0	110	0,55	98	1,1
Ni-Sepharose	54,4	2,6	**21,2**	89	41,8

Tabelle 20: Reinigungstabelle der P2Oxep2VIB2.

	Gesamtaktivität [U]	Gesamtprotein [mg]	Spez. Aktivität [U/mg]	Ausbeute [%]	Anreicherung [-fach]
Rohextrakt	50,4	112	0,45	100	1
Hitzefällung	49,2	105	0,47	98	1,1
Ni-Sepharose	48,4	3,2	**14,9**	96	33

Durch Hitzefällung und Auftrennung über Nickel-Sepharose konnte die P2Oxep2VIA4 um das 42-fache zu einer spezifischen Aktivität von 21,2 U/mg angereichert werden. P2Oxep2VIB2 lag nach identischer Behandlung mit einer spezifischen Aktivität von 14,9 U/mg vor. Der Verlauf der Aufreinigung ist anhand einer SDS-PAGE einzelner Aliquots in Abbildung 9 dargestellt.

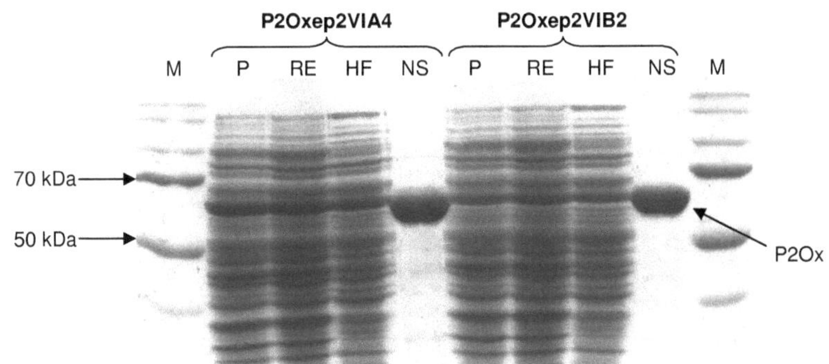

Abbildung 9: SDS-PAGE zur Darstellung verschiedener Aufreinigungsstufen der P2OxB2H-Varianten ep2VIA4 (A) und ep2VIB2 (B). Es wurden denaturierte Proben von Pellet (P, je 30 µg), Rohextrakt (RE, 32 bzw. 30 µg), Hitzefällung (HF, 29 bzw. 31 µg) und Ni-Sepharose (NS, 9 bzw. 7 µg) eingesetzt, als Marker (M, 10 µg) diente der Dual Color© Proteinmarker (BioRad). Die Färbung erfolgte mit Coomassie Brilliant Blue.

Substratspezifität der P2OxB2H-Varianten

Die Reaktionsgeschwindigkeiten der Varianten wurden nach Kapitel II19 ermittelt und sind in Tabelle 21 im Vergleich zu P2OxB2H dargestellt. Als Vergleich diente außerdem die bisher beste Variante zur Verwertung von 2-Desoxy-D-glucose, P2OxB3H (Dorscheid 2005).

Tabelle 21: Substratspezifität der P2OxB2H-Varianten. Dargestellt sind die spezifischen [U/mg] und die relativen Aktivitäten [%]. Die Messungen erfolgten mit dem Standardtest unter Substratsättigung und in Doppelbestimmung.

	P2OxB2H		P2OxB3H		**P2Oxep2VIA4**		**P2Oxep2VIB2**	
Substrat	[U/mg]	[%]	[U/mg]	[%]	[U/mg]	[%]	[U/mg]	[%]
D-Glucose	22	100	35	100	**21**	**100**	**15**	**100**
L-Sorbose	24	108	40	115	**23**	**107**	**16**	**105**
D-Xylose	22	98	40	115	**15**	**69**	**9,5**	**64**
D-Galactose	2,3	10	2,8	8	**2,0**	**9,5**	**1,5**	**10,0**
L-Arabinose	0,6	2,7	0,8	2,3	**0,6**	**2,6**	**0,7**	**4,6**
2d-D-Glucose	3,6	16	6,3	18	**3,0**	**14,3**	**2,2**	**14,4**

In den relativen Aktivitäten zeigten die Varianten keine großen Abweichungen vom Parentalenzym. Dies gilt auch für die spezifischen Aktivitäten von P2Oxep2VIA4. Die zweite Variante P2Oxep2VIB2 wies eine auf 14,9 U/mg verschlechterte spezifische Aktivität für D-Glucose auf, welche sich entsprechend auf die weiteren Substrate auswirkt. Diese Variante zeigte allerdings eine um das 1,7-fache erhöhte Aktivität gegenüber D-Galactose.

Für beide Varianten wurde die Abhängigkeit ihrer Reaktionsgeschwindigkeit von der Substratkonzentration mit Hilfe des Standardtests bestimmt (vgl. Kapitel II21.3). Die Ermittlung der K_m-Werte fand durch reziproke Auftragung der Messwerte nach Lineweaver-Burk statt (vgl. Kapitel VIII3.26 und VIII3.27), die Standardabweichung wurde durch Vierfachbestimmung bei zwei Enzymkonzentrationen ermittelt. Die daraus resultierenden Daten sind in Tabelle 22 zusammengefasst.

Tabelle 22: Kinetische Daten der P2OxB2H-Varianten. Dargestellt sind die K_m-Werte der Varianten P2Oxep2VIA4 und P2Oxep2VIB2 im Vergleich zum Template P2OxB2H und der Variante P2OxB3H, sowie die sich daraus ergebenden k_{cat}/K_m-Werte.

	K_m [mM] P2Ox-				k_{cat}/K_m [$s^{-1}M^{-1}$] P2Ox-			
Substrat	B2H	B3H	**ep2VIA4**	**ep2VIB2**	B2H	B3H	**ep2VIA4**	**ep2VIB2**
D-Glucose	0,4	0,24	**0,41 ± 0,02**	**0,48 ± 0,01**	269100	643900	**230146**	**140417**
L-Sorbose	2,9	18	**13,7 ± 0**	**6,6 ± 0,15**	34651	10000	**7544**	**10893**
D-Xylose	2,4	0,67	**12,7 ± 0,05**	**19,9 ± 0,05**	45970	268530	**5307**	**2145**
D-Galactose	6,1	2,9	**3,4 ± 0,25**	**5,5 ± 0,3**	1650	4400	**2643**	**1225**
L-Arabinose	25	n.b.	**30,1 ± 0,1**	**16,2 ± 1,2**	108	n.b.	**90**	**194**
2-Desoxy-D-glucose	99	47	**41,7 ± 0,9**	**42,7 ± 0,7**	162	590	**323**	**232**

Beide Varianten wiesen gegenüber den Hauptsubstraten verschlechterte katalytische Effizienzen auf, was in erster Linie auf eine Erhöhung der K_m-Werte zurück zu führen ist. Für D-Galactose zeigte P2Oxep2VIA4 um das 1,6-fache verbesserte k_{cat}/K_m-Werte, bedingt durch einen beinahe halbierten K_m. P2Oxep2VIB2 wies hier eine 1,3-fache Verschlechterung auf, zeigte aber dagegen eine für L-Arabinose um das 1,8-fache verbesserte Effizienz im Vergleich zum Parentalenzym P2OxB2H. Beide Varianten besaßen eine um das 1,9- (P2Oxep2VIA4) bzw. 1,4-fache (P2Oxep2VIB2) erhöhte katalytische Effizienz gegenüber 2-Desoxy-D-glucose. Im Vergleich zum bisher für diese Substrate besten Enzym P2OxB3H stellten diese beiden neuen Varianten jedoch keine Verbesserung dar.

1.2 CASTing: gezielte Modellierung des aktiven Zentrums der P2OxB2H

Die gerichtete Evolution von Enzymen mit Methoden wie der zuvor genannten *error prone*-PCR stellt einen guten Ansatzpunkt für die Optimierung insbesondere solcher Proteine dar, über deren Struktur noch nichts bekannt ist. Somit dienen die daraus hervorgegangenen Varianten nach Kristallisation häufig als Ausgangspunkt für ein rationales Design, bei dem beispielsweise das aktive Zentrum eines Enzyms gezielt für spezifische Substrate modifiziert wird. Bei einem solchen Ansatz wird oft auf ortsgerichtete Mutagenese zurückgegriffen, mit der gezielt bestimmte Aminosäuren durch eine oder nacheinander alle anderen in Form einer Sättigungsmutagenese ausgetauscht werden. Eine solche Methode ist das CASTing (Combinatorial Active site Saturation Test), bei dem jeweils zwei in der Sequenz mehr oder weniger eng benachbarte Aminosäuren durch den Einsatz degenerierter Primer ausgetauscht werden. Dadurch entstehen Variantenbibliotheken, die im Anschluss mit einem geeigneten Screeningverfahren nach verbesserten Enzymvarianten durchsucht werden.

1.2.1 Synthese einer Variantenbibliothek

Im Rahmen dieser Arbeit wurden auf Grundlage der Kristallstruktur der P2OxA, welche mit der P2OxB starke Homologien aufweist, fünf Positionen (A - E) mit jeweils zwei Aminosäuren im aktiven Zentrum ausgewählt, von denen angenommen wird, dass sie unmittelbar an der Substratbindung und somit auch an der Festlegung des Substratspektrums beteiligt sind. Insbesondere die schlechtere Oxidation an C3 wird auf die Konformation dieser Aminosäuren zurückgeführt (Kujawa et al 2006). Für diese Positionen wurden Primer mit degenerierten Codons generiert, die anstatt dem der ursprünglichen Aminosäure entsprechenden Codon das Basentriplett NNT trugen. Dies erlaubt den zufälligen Einbau der meisten Aminosäuren, schließt aber unter anderem die Entstehung zusätzlicher Start- und Stopcodons aus. Die Benennung der Primer erfolgte nach Mutagenesemethode (CAST), Aminosäurepositionen (z.B. D453-S456) und Leserichtung.

SOE-PCR

Mit diesen Primern wurde eine SOE-PCR durchgeführt, bei der die beiden die gewünschte Mutation flankierenden Fragmente des Gens mit Hilfe der genspezifischen- und der Mutageneseprimer so amplifiziert wurden, dass sie an der Mutationsposition überlappende Enden besitzen (vgl. Kapitel II7.1). Im Anschluss wurden die entstandenen Fragmente anhand ihrer zu erwartenden Größe in einem 1%igen Agarosegel verifiziert, ausgeschnitten und die DNA mit dem peqGOLD MicroSpin Gel Extraction Kit (peqlab) reisoliert. Die jeweiligen Fragmente wurden in einer Assembly-PCR mit den genspezifischen Primern P2Ox_NdeI_for und P2Ox_HisBamHI_rev amplifiziert und durch ihre überlappenden Enden zum vollständigen Gen zusammengefügt. Die Volllängenprodukte wurden erneut im 1%igen Agarosegel auf ihre korrekte Länge überprüft und aus dem Gel reisoliert. Die Reisolate sowie das Plasmid pET24a(+) wurden mit den Restriktionsenzymen *Nde*I und *BamH*I geschnitten und über Nacht bei einem Temperaturgradienten von 30 - 4℃ ligiert. Der Ligationsansatz wurde entsalzt und in elektrokompetente *E. coli* BL21Gold(DE3)pLysS transformiert. Die Transformanten wurden gemäß Kapitel 1.1 im Mikrotiterplattenmaßstab auf ihre Substratspezifität getestet.

QuikChange-Mutagenese

Bei dieser Methoden stellten sich die Assembly-PCR und die folgende Ligation als limitierende Schritte heraus, die einen negativen Einfluss auf die Größe der Variantenbibliothek hatten. Daher wurde, um diese Schritte zu umgehen, auf das QuikChange-Mutagenese-Kit (Stratagene) zurückgegriffen. Dazu wurden lediglich die sich überlappenden Mutageneseprimer in ein Cycling eingesetzt, welches das komplette Plasmid inklusive des Gens amplifiziert (vgl. Kapitel II7.2). Restliche, nicht mutierte Template-DNA wurde im Anschluß mit *Dpn*I verdaut und das PCR-Produkt im Anschluss durch Dialyse entsalzt. Danach fand die Transformation in elektrokompetente *E. coli*BL21Gold(DE3)pLysS statt, die gemäß Kapitel III1.1 im Mikrotiterplattenmaßstab gescreent wurden.

KOD-QuikChange

Um die Effizienz der Mutagenese und die Anzahl erhaltener Klone weiter zu erhöhen wurde nach einer Alternative zum QuikChange-Kit gesucht. Dazu wurde die *Pfu*-Polymerase des Kits durch die schneller und effizienter replizierende KOD-

Polymerase (Novagen) ersetzt. Nukleotide, Salze und Puffer wurden ebenfalls dem Kit der KOD-Polymerase entnommen, als Restriktionsenzym wurde *Dpn*I von Fermentas verwendet (vgl. Kapitel II7.3). Auf diese Weise konnte das Cycling von 14 auf 3 Stunden verkürzt und die Ausbeute an PCR-Produkt drastisch erhöht werden. Auch hier wurde das PCR-Produkt mit *Dpn*I behandelt, entsalzt und in *E. coli* BL21Gold(DE3)pLysS transformiert. Die Transformanden wurden gemäß Kapitel III1.1 gescreent.

1.2.2 Ergebnisse des kolorimetrischen Screenings

Es wurden 5760 Klone mit Hilfe des kolorimetrischen Screenings getestet. Davon zeigten 42 Varianten eine verbesserte relative Aktivität gegenüber einem oder mehreren Targetsubstraten und wurden daher zur weiteren biochemischen Selektion angereichert.

Tabelle 23: Relative Aktivitäten und K_m-Werte selektierter P2Ox-Varianten. Die K_m-Werte wurden mittels ABTS-Test bei verschiedenen Substratkonzentrationen gemessen und durch Auftragung im Lineweaver-Burk-Diagramm bestimmt.

	Relative Aktivitäten [%]		K_m-Werte [mM]
Variante	Glucose	2d-D-Glucose	2d-D-Glucose
P2OxB2H	100	16	99,3
P2OxB3H	100	18	47,0
CAST AIIIE2	100	25,0	49,3
CAST AIIIC10	**100**	**22,7**	**28,2**
CAST AIIIF11	100	24,6	63,5
CAST AIIIG2	**100**	**25,2**	**35,8**
CAST AIIIG4	**100**	**29,5**	**19,4**
CAST AIVA/	100	25,4	44,4
CAST AIVF5	**100**	**31,0**	**25,8**
CAST BXVIIB4	100	18,3	67,2
CAST BXVIIIF12	100	18,4	64,1
CAST CIVA1	**100**	**25,0**	**32,0**
CAST CVIIC1	100	16,1	76,6
CAST CVIIC3	100	17,9	90,0
CAST CVIID3	100	22,7	67,0
CAST EIB10	100	20,7	88,1
CAST EIIIF4	100	23,5	61,0

Die Auswahl wurde dabei auf 15 Kandidaten eingeschränkt, indem Varianten mit allgemein verschlechterten katalytischen Eigenschaften verworfen wurden. Die Varianten wurden nach Mutagenesemethode (CAST), Bibliothek (z.B. A), Masterplatte (z.B. III) und Wellnummer (z.B. D2) benannt. Die K_m-Werte der isolierten Varianten sind in Tabelle 23 dargestellt. Aufgrund der stark verbesserten K_m-Werte für 2-Desoxy-D-glucose sowohl im Vergleich zum Parentalenzym P2OxB2H als auch zur P2OxB3H (Dorscheid 2005) wurden die fünf hervorgehobenen Varianten zur näheren Charakterisierung herangezogen. Die Plasmide der Varianten wurden präpariert und einer DNA-Sequenzanalyse unterzogen (vgl. Kapitel II6.1 und II13). Die Varianten werden im folgenden anhand ihrer in Tabelle 24 dargestellten Austausche bezeichnet.

Tabelle 24: Aminosäureaustausche nach Sättigungsmutagenese im Rahmen eines CASTings.

Variante	Position	Nukleotidaustausch	Aminosäureaustausch
CAST CIVA1	A590	GCG → CCT	Alanin → Prolin
CAST AIIIG2	S456	AGC → CAT	Serin → Histidin
CAST AIIIG4	S456	AGC → AAT	Serin → Asparagin
CAST AIIIC10	S456	AGC → TGT	Serin → Cystein
CAST AIVF5	S456	AGC → GGT	Serin → Glycin

1.2.3 Anreicherung und biochemische Charakterisierung der Variante P2OxB2H-A590P

Die P2OxB2H-A590P wurde exprimiert und aufgereinigt (vgl. Kapitel II14.1.1, II15.1.1 und II16).

Tabelle 25: Reinigungstabelle der P2OxB2H-A590P

	Gesamtaktivität [U]	Gesamtprotein [mg]	Spez. Aktivität [U/mg]	Ausbeute [%]	Anreicherung [-fach]
Rohextrakt	23,5	98	0,24	100	1
Hitzefällung	19,7	69	0,29	84	1,2
Ni-Sepharose	15,2	0,8	**19,0**	67	75

Nach dem Ultraschallaufschluss wurde der Zellextrakt einer 10-minütigen Hitzefällung bei 60°C unterzogen, um hitzelabile Fremdproteine auszufällen. Nach Zentrifugation wurde der Überstand einer Affinitätschromatographie an Nickelsepharose unterzogen und das Enzym so mit Hilfe des HisTag isoliert. Die Anreicherung der Variante ist in Tabelle 25 zusammengefasst. Nach einer 75-fachen Anreicherung durch Hitzefällung und Affinitätschromatographie lag die P2OxB2H-A590P mit einer spezifischen Aktivität von 19,0 U/mg vor. Ihre gelchromatographische Reinheit ist in Abbildung 10 dargestellt.

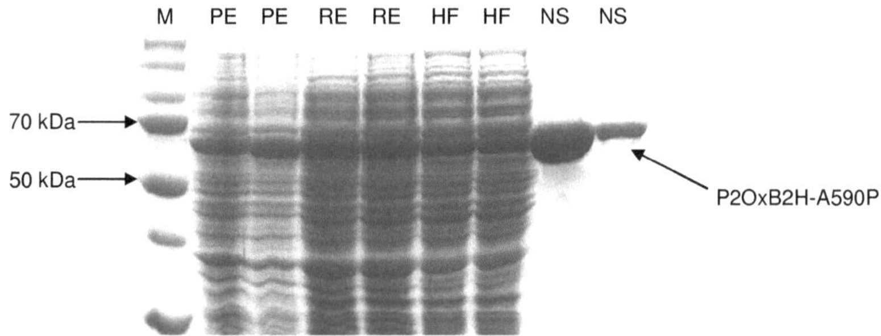

Abbildung 10: SDS-PAGE zur Darstellung verschiedener Aufreinigungsstufen der P2OxB2H-Variante P2OxB2H-A590P. Es wurden denaturierte Proben von Pellet (PE, 20 µg), Rohextrakt (RE, 26 µg), Hitzefällung (HF, 18 µg) und Ni-Sepharose (NS, 3 bzw. 0,6 µg) eingesetzt, als Marker (M, 10 µg) diente der Dual Color© Proteinmarker (BioRad). Die Färbung erfolgte mit Coomassie Brilliant Blue.

Temperaturstabilität der P2OxB2H-A590P

Die Stabilität der P2OxB2H-A590P wurde im Bereich um ihre optimale Reaktionstemperatur von 50°C bis zur Temperatur sofortiger Denaturierung bestimmt (vgl. Kapitel II21.4). Die Ergebnisse sind in Abbildung 11 dargestellt.

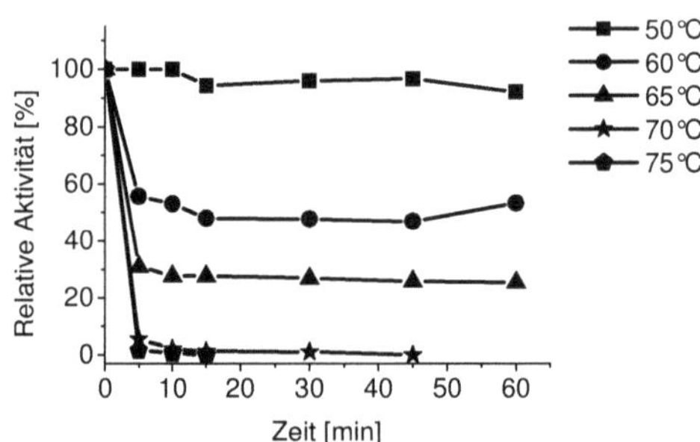

Abbildung 11: Temperaturstabilität der P2OxB2H-A590P. Das Enzym (0,1 U) wurde bei den angegebenen Temperaturen 60 min inkubiert und mit dem Standardtest vermessen. Dargestellt sind die relativen Aktivitäten zu den Messzeitpunkten, wobei die jeweilige Aktivität vor Inkubationsstart gleich 100% gesetzt wurde.

Bei Inkubation bei 50℃ blieb das Enzym über den gesamten Messzeitraum stabil. Bei 65℃ sank die Aktivität innerhalb 15 min auf etwa 80%, blieb aber im weiteren Verlauf konstant. Analog sank die Aktivität bei 65℃ innerhalb von 15 min auf 50% ab. Bei 70℃ kommt es nach 30 min zu einer kompletten Inaktivierung, bei 75℃ ist diese bereits nach 5 min erreicht.

pH-Stabilität der P2OxB2H-A590P

Die Ergebnisse der Bestimmung der pH-Stabilität der Variante sind in Abbildung 12 dargestellt. Die Messungen erfolgten mit dem Standardtest gemäß Kapitel II21.5.

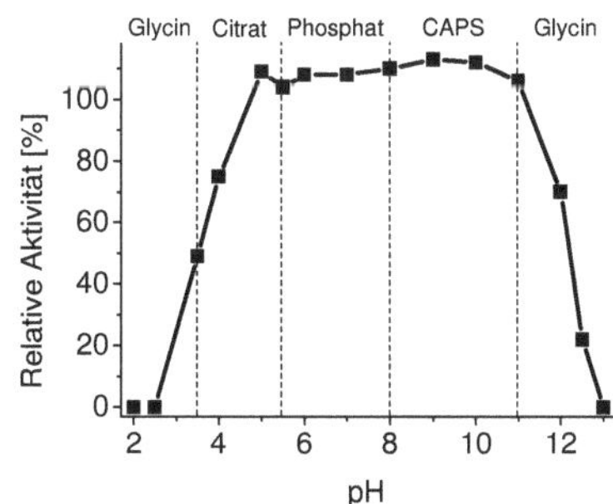

Abbildung 12: pH-Stabilität der P2OxB2H-A590P. Das Enzym (0,1 U) wurde 30 min im jeweiligen Puffer (100 mM) von pH 2 bis pH 13 bei 30℃ inkubiert. Es wurden die Ausgangsaktivitäten, die gleich 100% gesetzt wurden, und die Restaktivitäten nach der Inkubation im jeweiligen Puffer mit dem Standardtest erfasst.

Die P2OxB2H-A590P wies im Bereich von pH 5 bis pH 11 eine 100%ige Aktivität auf. Im Sauren zeigte die Variante bei pH 3,5 50% und bei pH 4 75% Aktivität, im Basischen Bereich waren nach Inkubation bei pH 12 und pH 12,5 noch 70% bzw. 20% Enzymaktivität vorhanden. Unter pH 3,5 bzw. über pH 12,5 zeigte die Variante keine Aktivität.

pH-Optimum der P2OxB2H-A590P

Die Reaktionsgeschwindigkeit der Variante in Abhängigkeit vom pH-Wert wurde gemäß Kapitel II21.5 gemessen und ist in Abbildung 13 dargestellt. Das Optimum der P2OxB2H-A590P lag bei pH 5,5 in Citratpuffer bzw. pH 6 in Kaliumphosphatpuffer. Bei pH 5 weist die Variante noch Aktivitäten von über 90% auf, in den angrenzenden pH-Bereichen sind noch Aktivitäten von bis zu 75% messbar.

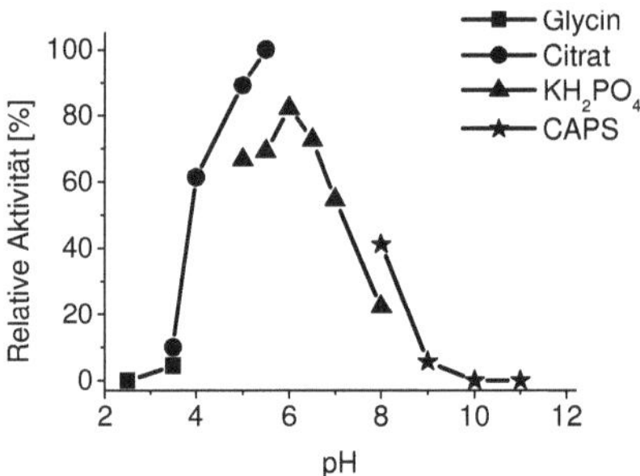

Abbildung 13: pH-Optimum der P2OxB2H-A590P. Die Reaktionsansätze (0,1 U) enthielten 100 mM Puffer verschiedener pH-Werte im Bereich pH 2,5 - 12 . Angegeben sind die relativen Aktivitäten bezogen auf den Ansatz mit der höchsten Aktivität, die als 100% gesetzt wurde.

Substratspezifität der P2OxB2H-A590P

Die Reaktionsgeschwindigkeiten der P2OxB2H-A590P wurden analog zu Kapitel II19 bestimmt, die spezifischen und relativen Aktivitäten der jeweiligen Substrate bezogen auf den Umsatz des Hauptsubstrates D-Glucose ermittelt und in Tabelle 26 im Vergleich zur P2OxB2H dargestellt. Die Variante zeigte einen deutlichen Abfall in der Verwertung der beiden Hauptsubstrate L-Sorbose und D-Xylose sowie 6-Desoxy-D-glucose, wohingegen die Aktivität gegenüber D-Galactose und D-Mannose verbessert war. Trotz einer im Allgemeinen um das 1,2-fache abgeschwächten spezifischen Aktivität wies die Variante gegenüber dem Zielsubstrat 2-Desoxy-D-glucose eine im Vergleich zur P2OxB2H um das 1,4-fache erhöhte spezifische Aktivität auf.

Tabelle 26: Substratspezifität der P2OxB2H-A590P. Die Substratspezifität wurde mit Hilfe des Standardtests ermittelt. Die Substrate lagen im Reaktionsansatz gesättigt vor, die Werte wurden durch Doppelbestimmung bestätigt.

	Spez. Aktivität [U/mg]		Rel. Aktivität [%]	
Substrat	P2OxB2H	**P2OxB2H-A590P**	P2OxB2H	**P2OxB2H-A590P**
D-Glucose	22,5	**18,1**	100	**100**
L-Sorbose	24,3	**15,9**	108	**88**
D-Xylose	22,0	**14,0**	98	**78**
6-Desoxy-D-glucose	26,8	**18,8**	119	**104**
D-Galactose	2,3	**2,2**	10	**12,2**
2-Desoxy-D-glucose	3,6	**5,0**	16	**27,6**
D-Mannose	7,6	**7,7**	34	**42,4**

Die Abhängigkeit der Reaktionsgeschwindigkeit von der Substratkonzentration wurde mit dem Standardtest bestimmt (vgl. Kapitel II21.3). Die Ermittlung der K_m-Werte fand durch reziproke Auftragung der Messwerte nach Lineweaver-Burk statt (vgl. Abbildung 63), die daraus resultierenden kinetischen Daten sind in Tabelle 27 zusammengefasst. Die Standardabweichungen wurden jeweils durch Vierfachbestimmung bei zwei Enzymkonzentrationen ermittelt. Analog zu den spezifischen Aktivitäten der P2OxB2H-A590P waren auch die K_m-Werte für L-Sorbose und D-Xylose verschlechtert, was zu einer Verringerung der katalytischen Effizienz um das 2,6 bzw. 4,7-fache führte. Im Gegensatz dazu waren k_{cat}/K_m für D-Galactose und D-Mannose um das 2,1- bzw. 1,4-fache verbessert. Die Verbesserung der katalytischen Effizienz für 2-Desoxy-D-glucose war 4,3-fach.

Tabelle 27: Kinetische Daten der P2OxB2H-A590P. Dargestellt sind die K_m-Werte der Variante im Vergleich zum Parentalenzym P2OxB2H sowie die sich daraus ergebenden k_{cat}/K_m-Werte.

Substrat	K_m [mM]		k_{cat}/K_m [$s^{-1}M^{-1}$]	
	P2OxB2H	**P2OxB2H-A590P**	P2OxB2H	**P2OxB2H-A590P**
D-Glucose	0,4	**0,32 ± 0,02**	269100	**254154**
L-Sorbose	2,9	**5,34 ± 0,01**	34651	**13379**
D-Xylose	2,4	**6,5 ± 0,05**	45970	**9829**
D-Galactose	6,1	**2,68 ± 0,05**	1650	**3444**
6-Desoxy-D-glucose	0,96	**1,1 ± 0,01**	125533	**79717**
2-Desoxy-D-glucose	99	**31,7 ± 1,8**	162	**704**
D-Mannose	102	**72 ± 0,7**	336	**481**

1.2.4 Anreicherung und biochemische Charakterisierung der Varianten P2OxB2H-S456H, -S456N, -S456C und -S456G

Der Großteil der aus dem CASTing hervorgegangenen Mutanten entstammte der Bibliothek A, wobei Austausche des Serin 456 die höchsten Aktivitäten gegenüber dem Targetsubstrat aufwiesen. Diese P2OxB2H-S456-Varianten wurden exprimiert und aufgereinigt (vgl. Kapitel II14.1.1, II15.1.1 und II16). Nach dem Ultraschallaufschluss wurden die Zellextrakte einer 10-minütigen Hitzefällung bei 60 °C unterzogen. Nach Zentrifugation wurde der jeweilige Überstand einer Affinitätschromatographie an Nickelsepharose unterzogen und die Enzyme mit Hilfe des HisTag isoliert. Die Anreicherung der Varianten ist in Tabelle 28 bis Tabelle 31 zusammengefasst. Die Varianten konnten mit einer Ausbeute zwischen 31 und 79% zu einer spezifischen Aktivität von 16 U/mg (P2OxB2H-S456G) bis 47 U/mg (P2OxB2H-S456C) aufgereinigt werden.

Tabelle 28: Reinigungstabelle der P2OxB2H-S456H

	Gesamtaktivität [U]	Gesamtprotein [mg]	Spez. Aktivität [U/mg]	Ausbeute [%]	Anreicherung [-fach]
Rohextrakt	61	110	0,55	100	1
Hitzefällung	58	62	0,94	95,1	1,7
Ni-Sepharose	48	2,1	**22,9**	78,7	41,3

Tabelle 29: Reinigungstabelle der P2OxB2H-S456N

	Gesamtaktivität [U]	Gesamtprotein [mg]	Spez. Aktivität [U/mg]	Ausbeute [%]	Anreicherung [-fach]
Rohextrakt	156	187	0,83	100	1
Hitzefällung	156	123	1,30	100	1,5
Ni-Sepharose	111	5,2	**21,2**	71	25

Tabelle 30: Reinigungstabelle der P2OxB2H-S456C

	Gesamtaktivität [U]	Gesamtprotein [mg]	Spez. Aktivität [U/mg]	Ausbeute [%]	Anreicherung [-fach]
Rohextrakt	120	119	1,01	100	1
Hitzefällung	111	75,5	1,47	93	1,5
Ni-Sepharose	72	1,5	**47,8**	60	48

Tabelle 31: Reinigungstabelle der P2OxB2H-S456G

	Gesamtaktivität [U]	Gesamtprotein [mg]	Spez. Aktivität [U/mg]	Ausbeute [%]	Anreicherung [-fach]
Rohextrakt	120	132	0,91	100	1
Hitzefällung	90	91,4	0,98	75	1,1
Ni-Sepharose	37	2,3	**16,1**	31	18

Die P2Ox-Varianten konnten durch Hitzefällung und Aufreinigung über Nickel-Sepharose mit Hilfe des HisTags gelchromatographisch rein dargestellt werden, was in den SDS-PAGEs in Abbildung 14 dokumentiert ist. Dabei wurde neben den Aliquots der verschiedenen Aufreinigungsschritte jeweils eine Probe des Zellpellets aufgetragen, aus welcher hervorgeht, dass die Varianten P2OxB2H-S456H und -S456N deutlich weniger *inclusion bodies* bilden (15 bzw. 20%) als die beiden anderen Varianten (41 bzw. 44%) und als das Parentalenzym P2OxB2H (35%).

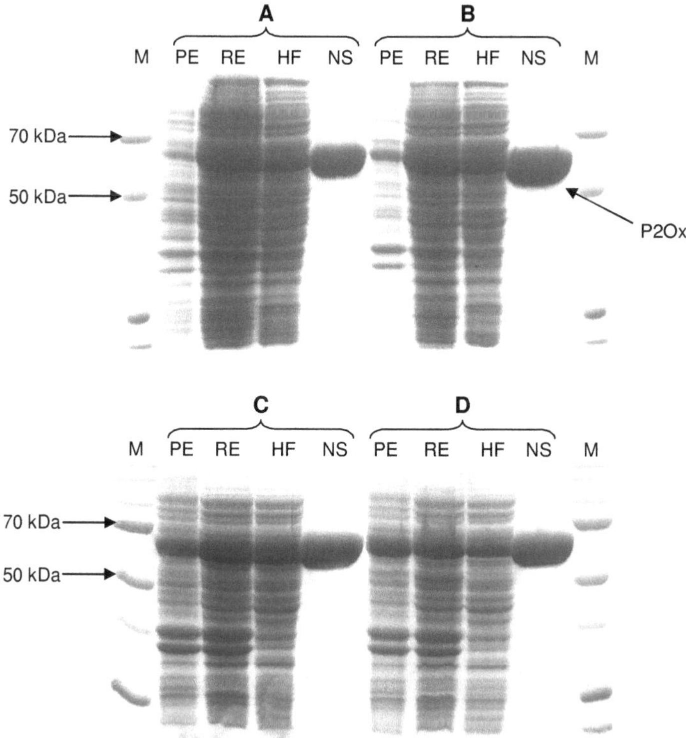

Abbildung 14: SDS-PAGE zur Darstellung verschiedener Aufreinigungsstufen der P2OxB2H-Varianten P2OxB2H-S456H (A), -S456N (B), -S456C (C) und -S456G (D). Es wurden denaturierte Proben von Pellet (PE, 18 - 22 µg), Rohextrakt (RE, 24 - 28 µg), Hitzefällung (HF, 20 - 24 µg) und Ni-Sepharose (NS, 3 - 6 µg) eingesetzt, als Marker (M, 10 µg) diente der Dual Color® Proteinmarker (BioRad). Die Färbung erfolgte mit Coomassie Brilliant Blue.

Temperaturstabilität der P2OxB2H-S456-Varianten

Die Stabilität der Varianten wurde im Bereich um die optimale Reaktionstemperatur des Wildtyps von 55°C (Bastian 2005) bis zur Temperatur sofortiger Denaturierung bestimmt (vgl. Kapitel II21.4). Die Ergebnisse sind in Abbildung 15 dargestellt.

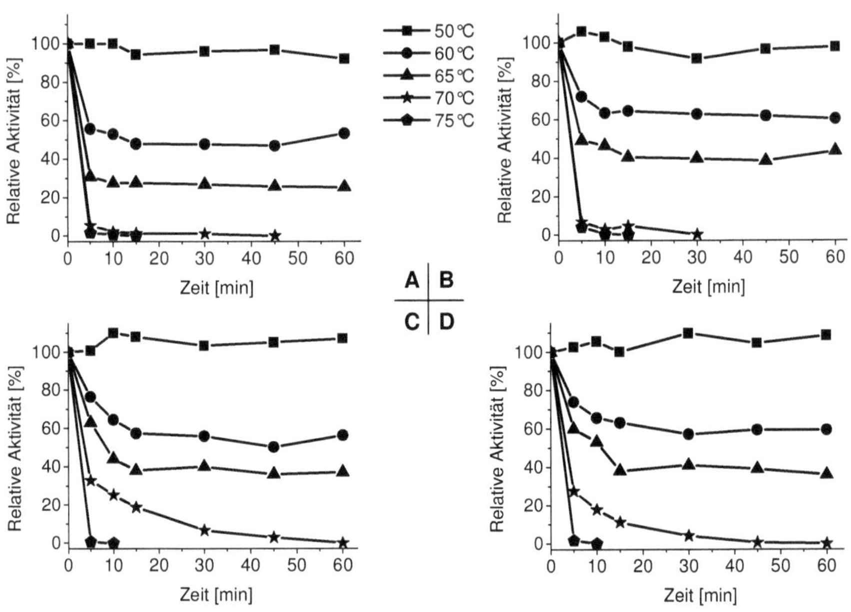

Abbildung 15: Temperaturstabilitäten der P2OxB2H-S456-Varianten. Dargestellt sind P2OxB2H-S456H (A), P2OxB2H-S456N (B), P2OxB2H-S456C (C) und P2OxB2H-S456G (D). Die Enzyme (0,1 U) wurden bei den angegebenen Temperaturen 60 min inkubiert und mit dem Standardtest vermessen. Dargestellt sind die relativen Aktivitäten zu den Messzeitpunkten, wobei die jeweilige Aktivität vor Inkubationsstart gleich 100% gesetzt wurde.

Alle Varianten blieben bei 50℃ über den gesamten Messzeitraum stabil. Bei 60℃ fand bereits innerhalb der ersten 20 min eine Denaturierung der Enzyme bis auf eine Restaktivität von 50 - 60% statt, die sich im weiteren Verlauf konstant hielt. Einen ähnlichen Verlauf zeigte die Messung bei 65℃, hier sank die Aktivität zu Beginn auf 40% bzw. 30% (P2OxB2H-S456H) ab. P2OxB2H-S456H und -S456N waren bei 70℃ nach 30 min denaturiert, bei P2OxB2H-S456C und -S456G waren nach 45 min noch geringe Restaktivitäten messbar. Eine Temperatur von 75℃ sorgte bei allen vier Varianten innerhalb von 10 - 15 min für eine vollständige Denaturierung.
Ein Vergleich der Varianten untereinander und mit dem Parentalenzym P2OxB2H ist in Abbildung 16 dargestellt. Daraus geht hervor, dass die Aminosäurenaustausche nur zu geringfügigen Veränderungen in der Thermostabilität geführt haben.

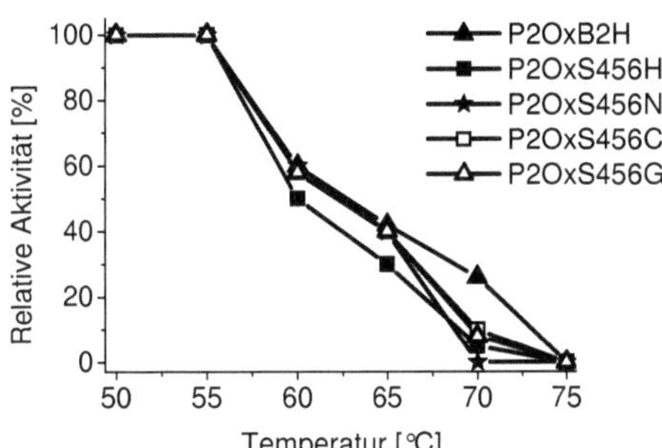

Abbildung 16: Vergleich der Thermostabilität von P2OxB2H, P2OxB2H-S456H, -S456N, -S456C und -S456G. Die Enzyme (je 0,1 U) wurden bei 50°C - 75°C über 30 min inkubiert. Die Messung der Ausgangsaktivität (100%) und der Restaktivität fand mit dem Standardtest statt.

pH-Stabilität der P2OxB2H-S456-Varianten

Die Lagerstabilität der Varianten in Puffern verschiedener pH-Stufen wurde gemäß Kapitel II21.5 bestimmt, die Ergebnisse sind in Abbildung 17 dargestellt.

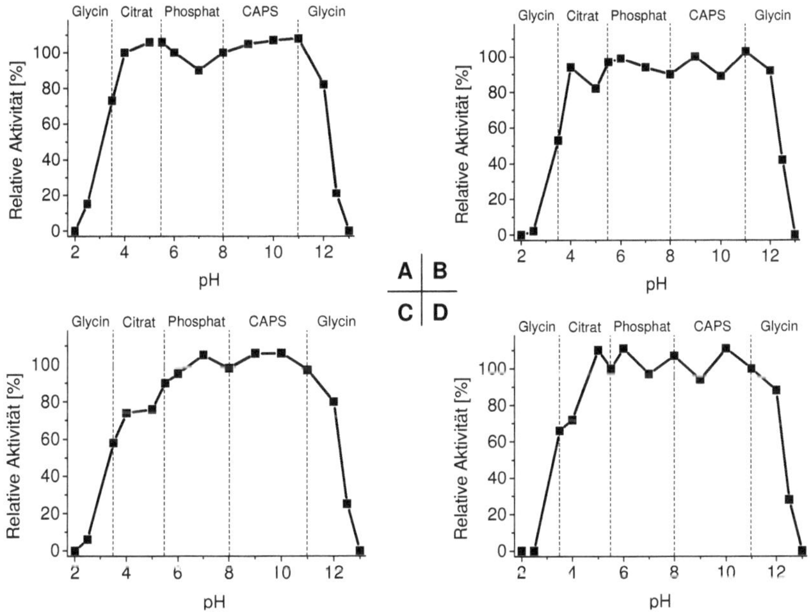

Abbildung 17: pH-Stabilitäten der P2OxB2H-S456-Varianten. Dargestellt sind P2OxB2H-S456H (A), P2OxB2H-S456N (B), P2OxB2H-S456C (C) und P2OxB2H-S456G (D). Die Enzyme (0,2 U) wurden jeweils 30 min in den im Diagramm angegebenen Puffern (100 mM) von pH 2 bis pH 13,0 bei 30°C inkubiert. Es wurden die Ausgangsaktivität (100%) und die Restaktivität nach der Inkubation im jeweiligen Puffer mit dem Standardtest erfasst.

P2OxB2H-S456H und -S456N waren im pH-Bereich 4 bis pH 12 über einen Messzeitraum von 30 min zu 100% stabil und wiesen selbst bei pH 3,5 bzw. 12,5 noch hohe Restaktivitäten von bis zu 80% auf. P2OxB2H-S456C zeigte einen eingeschränkten Stabilitätsbereich von pH 6 bis pH 11, 30 - 75% Restaktivität konnten jedoch auch noch von pH 3,5 - 12,5 erreicht werden. Diese Tendenz wies auch P2OxB2H-S456G auf, die von pH 5 - 12 zu 100% stabil war. Auch hier wurden in den basischen und sauren Grenzbereichen 30 - 70% Restaktivität erreicht. Das Parentalenzym P2OxB2H besitzt eine 100%ige Aktivität von pH 7 - 10.

pH-Optimum der P2OxB2H-S456-Varianten

Die pH-Optima wurden gemäß Kapitel II21.6 bestimmt, die Ergebnisse sind in Abbildung 18 dargestellt.

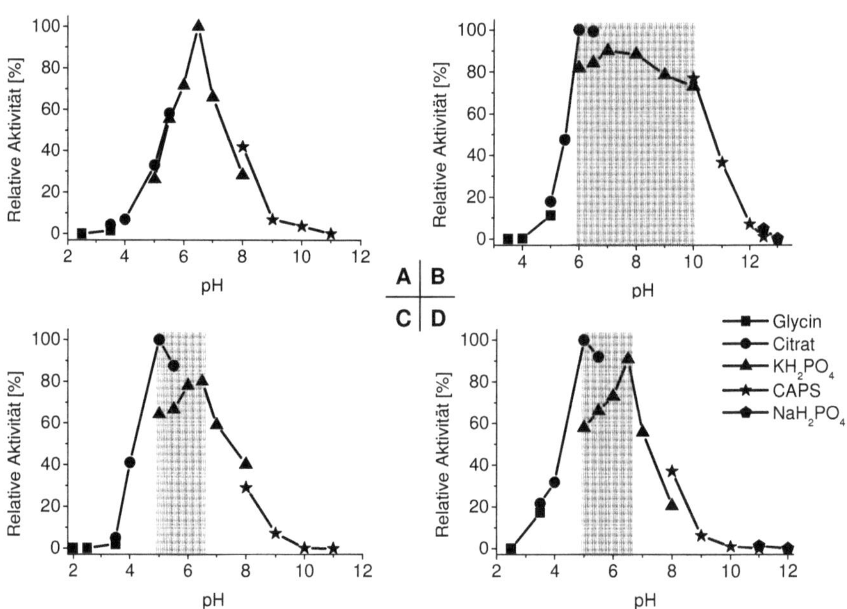

Abbildung 18: pH-Optima der P2OxB2H-S456-Varianten. Dargestellt sind P2OxB2H-S456H (A), P2OxB2H-S456N (B), P2OxB2H-S456C (C) und P2OxB2H-S456G (D). Die Reaktionsansätze (0,1 U) enthielten 100 mM Puffer verschiedener pH-Werte im Bereich von pH 2 - 13. Angegeben sind die relativen Aktivitäten bezogen auf den Ansatz mit der höchsten Aktivität, die als 100% gesetzt wurde.

P2OxB2H-S456H besaß ein sehr distinktes Optimum in Phosphatpuffer bei pH 6,5. Sowohl im Sauren als auch im Basischen sank die Aktivität dieser Variante rasch ab. Einen sehr breiten optimalen pH-Bereich wies dagegen P2OxB2H-S456N auf, dieser reichte von pH 6 in Citrat- und Phosphatpuffer bis zu pH 10 in Phosphat- und CAPS-Puffer. Hier hatte die Variante noch über 80% Aktivität. Der pH-Bereich der höchsten Aktivität der P2OxB2H-S456C reichte von pH 5 in Citratpuffer bis pH 6,5 in Phosphatpuffer. Diese Variante zog im Sauren den Citratpuffer vor. Dieses Verhalten zeigt auch P2OxB2H-S456G, die außerdem einen sehr ähnlichen optimalen pH Bereich besaß. Bei beiden Varianten lag das Optimum bei pH 5 in Citratpuffer.

Substratspezifität der P2OxB2H-S456-Varianten

Die Reaktionsgeschwindigkeiten der P2OxB2H-S456-Varianten wurden analog zu Kapitel II19 bestimmt, die spezifischen und relativen Aktivitäten der jeweiligen Substrate bezogen auf den Umsatz des Hauptsubstrates D-Glucose ermittelt und in Tabelle 32 im Vergleich zur P2OxB2H dargestellt. Alle Varianten wiesen eine verschlechterte Verwertung von D-Xylose und L-Sorbose auf. Die spezifischen Aktivitäten von P2OxB2H-S456H und -S456N gegenüber dem Hauptsubstrat D-Glucose waren kaum verändert, P2OxB2H-S456C zeigte hier eine Verbesserung um das 2,1-fache. P2OxB2H-S456G wies eine 1,4-fach niedrigere spezifische Aktivität als das Parentalenzym auf. Gegenüber dem Zielsubstrat 2-Desoxy-D-glucose waren die Varianten in ihrer spezifischen Aktivität um das 1,4- (P2OxB2H-S456G) bis 3,0-fache (P2OxB2H-S456C) verbessert.

Tabelle 32: Substratspezifität der P2OxB2H-S456-Varianten. Die Substratspezifität wurde mit Hilfe des Standardtests ermittelt. Die Substrate lagen im Reaktionsansatz gesättigt vor, die Werte wurden durch Doppelbestimmung bestätigt.

Substrat	Spezifische Aktivität [U/mg]				
	P2OxB2H	**P2OxB2H-S456H**	**P2OxB2H-S456N**	**P2OxB2H-S456C**	**P2OxB2H-S456G**
D-Glucose	22,5	**22,9**	**21,2**	**47,8**	**16,1**
L-Sorbose	24,3	**17,6**	**19,1**	**44,0**	**11,8**
D-Xylose	22,0	**18,3**	**17,0**	**38,2**	**11,3**
2-Desoxy-D-glucose	3,6	**5,8**	**6,3**	**10,9**	**5,0**

Substrat	P2OxB2H	Relative Aktivität [%]			
		P2OxB2H-S456H	**P2OxB2H-S456N**	**P2OxB2H-S456C**	**P2OxB2H-S456G**
D-Glucose	100	**100**	**100**	**100**	**100**
L-Sorbose	108	**77**	**90**	**92**	**73**
D-Xylose	98	**80**	**80**	**80**	**70**
2-Desoxy-D-glucose	16	**25,2**	**29,5**	**22,7**	**31,0**

Die Abhängigkeit der Reaktionsgeschwindigkeit der P2OxB2H-S456-Varianten von der Substratkonzentration wurde für die Hauptsubstrate und das Zielsubstrat mit dem Standardtest bestimmt (vgl. Kapitel II21.3). Die K_m-Werte, ausgedrückt durch die Michaelis-Menten-Konstanten, wurden graphisch durch reziproke Auftragung der Messwerte nach Lineweaver-Burk ermittelt (vgl. Abbildung 64 - Abbildung 66) und sind mit den daraus resultierenden katalytischen Effizienzen in Tabelle 33 dargestellt.

Tabelle 33: Kinetische Daten der P2OxB2H-S456-Varianten. Dargestellt sind die K_m-Werte der Variante im Vergleich zum Parentalenzym P2OxB2H (A) sowie die sich daraus ergebenden k_{cat}/K_m-Werte (B).

A) Substrat	P2OxB2H	K_m-Werte [mM]			
		P2OxB2H-S456H	**P2OxB2H-S456N**	**P2OxB2H-S456C**	**P2OxB2H-S456G**
D-Glucose	0,4	**0,39 ± 0,002**	**0,25 ± 0,001**	**0,32 ± 0,02**	**0,39 ± 0,005**
L-Sorbose	2,9	**4,2 ± 0,25**	**6,6 ± 1,5**	**8,2 ± 0,1**	**5,8 ± 0,35**
D-Xylose	2,4	**3,4 ± 0,2**	**3,8 ± 0,05**	**7,1 ± 0,02**	**4,7 ± 0,2**
2-Desoxy-D-glucose	99	**35,7 ± 0,25**	**19,5 ± 0,5**	**27,1 ± 0,7**	**25,9 ± 0,75**

B) Substrat	P2OxB2H	k_{cat}/K_m [$s^{-1}M^{-1}$]			
		P2OxB2H-S456H	**P2OxB2H-S456N**	**P2OxB2H-S456C**	**P2OxB2H-S456G**
D-Glucose	269100	**263839**	**381034**	**671192**	**185494**
L-Sorbose	34651	**18829**	**13003**	**24110**	**9142**
D-Xylose	45970	**24185**	**20102**	**24175**	**10803**
2-Desoxy-D-glucose	162	**730**	**1452**	**1807**	**867**

Die Standardabweichung wurde durch Vierfachbestimmung bei zwei Enzymkonzentrationen ermittelt. Im Vergleich zur P2OxB2H wiesen alle Varianten um das 1,4- bis 2,8- fache erhöhte K_m-Werte für L-Sorbose bzw. 1,8- bis 3,4- fach erhöhte Werte für D-Xylose auf. Im Gegensatz dazu war die Affinität der Enzyme zu D-Glucose nahezu unverändert, lediglich P2OxB2H-S456N wies hier eine Verbesserung um das 1,6-fache auf. Die K_m-Werte für 2-Desoxy-D-glucose waren 2,8- bzw. 5,1-fach für P2OxB2H-S456H bzw. -S456N und 3,7- bzw. 3,8-fach für P2OxB2H-S456C bzw. -S456G verbessert. Die katalytischen Effizienzen für das Zielsubstrat waren bei P2OxB2H-S456H um das 4,5-fache, bei P2OxB2H-S456N um das 9,0-fache und bei P2OxB2H-S456C um das 11,2-fache erhöht. P2OxB2H-S456 zeigte hier eine 5,4-fache Verbesserung.

1.2.5 Biokonversion mit P2OxB2H-Varianten unter Sauerstoffbegasung

Mit den P2OxB2H-Varianten, die allgemein und insbesondere im Bezug auf 2-Desoxy-D-glucose Verbesserungen zeigten, wurden Biokonversionen gemäß Kapitel II22 durchgeführt. Die Umsätze fanden bei 22°C unter Sauerstoffbegasung im 10 ml-Maßstab mit 100 mM 2-Desoxy-D-glucose statt, es wurden 80 000 U Katalase (Sigma) zugegeben. In Abbildung 19 sind die Umsatzverläufe dargestellt, die mittels HPLC-Analyse verfolgt wurden.

Im Gegensatz zum Parentalenzym P2OxB2H sowie der Variante P2OxB3H waren die Umsätze aller neuer Varianten quantitativ. P2OxB2H-A590P hatte nach 3,5 h 50% des Substrats umgesetzt, danach flachte die Reaktionsgeschwindigkeit ab und der Umsatz war nach 20 h beendet. P2OxB2H-S456N hatte bereits nach 1,5 h die Hälfte des Substrats aufgebraucht und schloss den Umsatz nach 9,5 h ab, bei P2OxB2H-S456G war die Konversion nach 7,5 h quantitativ. Hier war die Hälfte der 2-Desoxy-D-glucose nach 3,5 h verbraucht. Am schnellsten, innerhalb von 6,5 h, lief die Biokonversion mit P2OxB2H-S456C ab, die nach 0,75 h 50% des Substrats umgesetzt hatte.

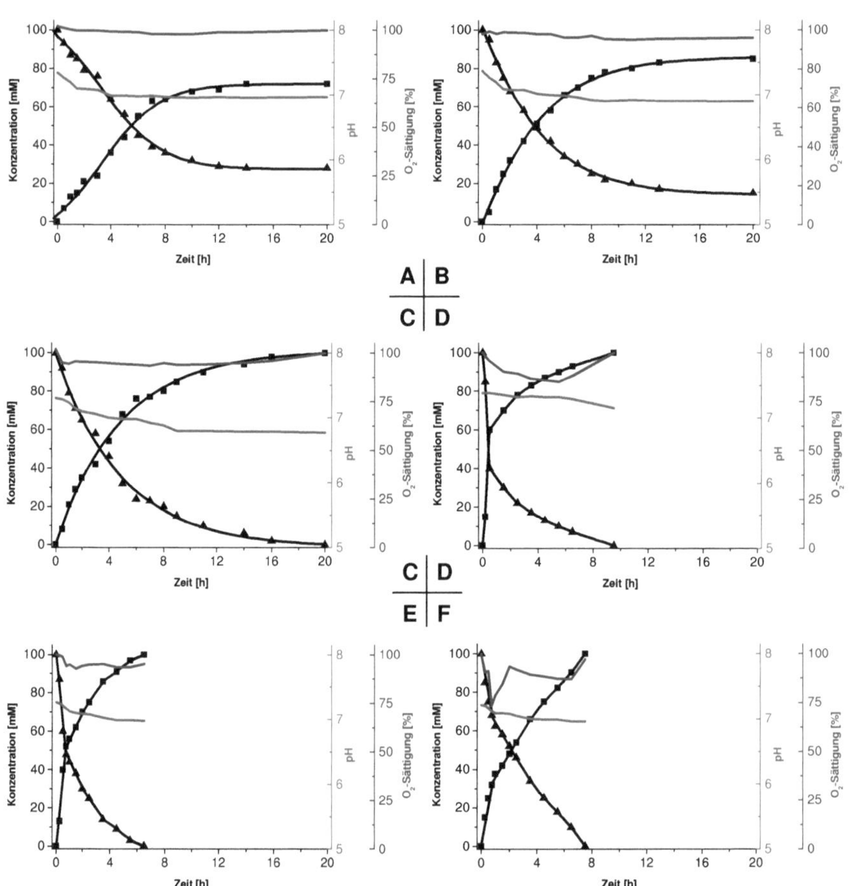

Abbildung 19: Biokonversion von 100 mM 2-Desoxy-D-glucose zu 2-Desoxy-3-keto-D-glucose mit P2OxB2H (A), -B3H (B), -A590P (C), -S456N (D), -S456C (E) und -S456G (F). Die Biokonversion fand unter Zufuhr von reinem Sauerstoff statt. Überwacht wurden O_2-Sättigung (blau) und pH-Wert (grün). Es wurden jeweils 5 U Enzym pro ml Reaktionsvolumen eingesetzt.

1.2.6 Kombination verbesserter P2OxB2H-Varianten

Die besten aus dem CASTing hervorgegangenen Varianten wurden untereinander kombiniert bzw. mit dem Austausch N71Y versehen, der der Variante P2OxB3H entstammt (Dorscheid 2005). Dazu wurden die Plasmide der S456-Varianten einer ortsgerichteten Mutagenese gemäß Kapitel II7.3 unterzogen, wobei die Mutageneseprimer P2OxA590P_for/ rev bzw. P2OxN71Y_for/ rev verwendet wurden um den entsprechenden zusätzlichen Austausch einzufügen (vgl. Kapitel II7.3). Nach

Transformation in *E. coli* BL21Gold(DE3) erfolgte eine Kontrolle mittels Colony-PCR (vgl. Kapitel II12.1 und II10). Jeweils ein positiver Klon wurde zur Verifizierung des Austauschs sequenziert und im Anschluss zur Charakterisierung angezogen (vgl. Kapitel II13 und II14.1.1). Die Anreicherung fand gemäß Kapitel 47 statt und ist in Tabelle 57 bis Tabelle 64 zusammengefasst. Die relativen Aktivitäten und K_m-Werte für 2-Desoxy-D-glucose wurden nach Kapitel II21.3 ermittelt und sind mit den daraus resultierenden katalytischen Effizienzen in Tabelle 34 dargestellt.

Tabelle 34: Substratspezifität und kinetische Daten der P2OxB2H-Varianten. Dargestellt sind die relativen und spezifischen Aktivitäten gegenüber 2-Desoxy-D-glucose im Bezug auf D-Glucose (100%), sowie die K_m-Werte im Vergleich zum Parentalenzym P2OxB2H mit den daraus resultierenden k_{cat}/K_m-Werten.

Variante [P2Ox-]	Substrat: 2-Desoxy-D-glucose			
	Relative Aktivität [% Glucose]	Spezifische Aktivität [U/mg]	K_m [mM]	k_{cat}/K_m [$s^{-1}M^{-1}$]
-B2H	16	3,6	99	162
-S456H-N71Y	69	**10,0**	**21,5 ± 2,3**	**2090**
-S456N-N71Y	74	**18,8**	**17,2 ± 0,6**	**4911**
-S456C-N71Y	61	**13,9**	**26,9 ± 1,2**	**2322**
-S456G-N71Y	56	**5,33**	**33,0 ± 1,0**	**726**
-S456H-A590P	55	**7,32**	**24,7 ± 2,5**	**1332**
-S456N-A590P	34	**4,76**	**64,8 ± 0,1**	**330**
-S456C-A590P	23	**5,73**	**105 ± 1,0**	**245**
-S456G-A590P	28	**5,77**	**63,1 ± 0,45**	**411**

Die Standardabweichung der K_m-Werte wurde aus Vierfachbestimmung bei zwei Enzymkonzentrationen berechnet (vgl. Abbildung 70 bis Abbildung 75).

Die höchste katalytische Effizienz für 2-Desoxy-D-glucose wies die Variante P2OxB2H-S456N-N71Y mit einer Verbesserung um das 3,4-fache gegenüber der P2OxB2H-S456N auf, was einer Erhöhung um Faktor 30,3 verglichen mit der P2OxB2H entspricht. Diese Variante wurde daher zur näheren biochemischen Charakterisierung herangezogen.

1.2.7 Anreicherung und biochemische Charakterisierung der Kombinationsvariante P2OxB2H-S456N-N71Y

P2OxB2H-S456-N71Y wurde exprimiert und aufgereinigt (vgl. Kapitel II14.1.1, II15.1.1 und II16). Nach dem Ultraschallaufschluss wurde der Zellextrakt einer 10-

minütigen Hitzefällung bei 60 °C unterzogen. Nach Zentrifugation wurde der jeweilige Überstand durch Affinitätschromatographie an Nickelsepharose aufgetrennt und die P2Ox mit Hilfe des HisTag isoliert. Die Anreicherung der Variante ist in Tabelle 35 zusammengefasst.

Tabelle 35: Reinigungstabelle der P2OxB2H-S456N-N71Y

	Gesamtaktivität [U]	Gesamtprotein [mg]	Spez. Aktivität [U/mg]	Ausbeute [%]	Anreicherung [-fach]
Rohextrakt	150	188	0,8	100	1
Hitzefällung	61	62	1,0	41	1,2
Ni-Sepharose	58	2,3	**25,4**	39	32

Die P2OxB2H-S456N-N71Y konnte mit einer Ausbeute von 39% zu einer spezifischen Aktivität von 25,4 U/mg aufgereinigt werden. Der Verlauf der Reinigung sowie die gelchromatographische Reinheit des Enzyms nach der Affinitätschromatographie ist anhand einer SDS-PAGE in Abbildung 20 dargestellt.

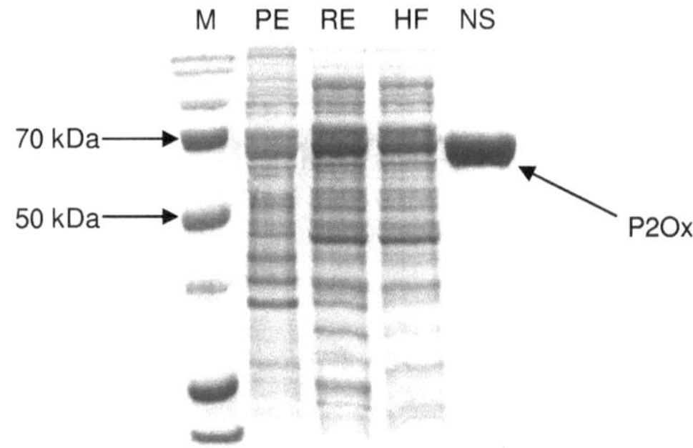

Abbildung 20: SDS-PAGE zur Darstellung verschiedener Aufreinigungsstufen der P2OxB2H-S456N-N71Y. Es wurden denaturierte Proben von Pellet (PE, 18 µg), Rohextrakt (RE, 20 µg), Hitzefällung (HF, 19 µg) und Ni-Sepharose (NS, 4 µg) eingesetzt, als Marker (M, 10 µg) diente der Dual Color© Proteinmarker (BioRad). Die Färbung erfolgte mit Coomassie Brilliant Blue.

Temperaturstabilität der P2OxB2H-S456N-N71Y

Die Temperaturstabilität wurde gemäß Kapitel II21.4 bestimmt, die Ergebnisse sind in Abbildung 21 dargestellt. Bei 50 °C war die P2OxB2H-S456N-N71Y über den gesamten Messzeitraum stabil. Bei 60 °C verlor die Variante innerhalb der ersten 15 min die Hälfte ihrer Aktivität, hielt sich im weiteren Verlauf jedoch stabil auf diesem

Niveau. Bei 65°C kam es zu einem raschen Absinken der Aktivität auf 20% innerhalb von 30 min. Zu einer vollständigen Denaturierung kam es bei 70°C nach 30 min und bei 75°C nach 15 min.

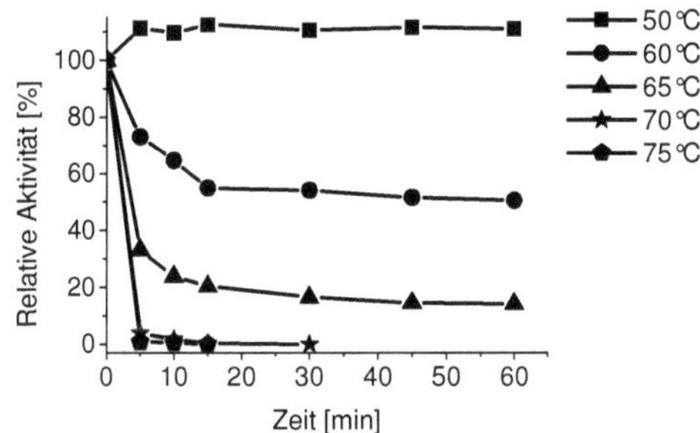

Abbildung 21: Temperaturstabilität der P2OxB2H-S456N-N71Y. Das Enzym (0,1 U) wurde bei den angegebenen Temperaturen 60 min inkubiert und mit dem Standardtest vermessen. Dargestellt sind die relativen Aktivitäten zu den Messzeitpunkten, wobei die jeweilige Aktivität vor Inkubationsstart gleich 100% gesetzt wurde.

pH-Stabilität der P2OxB2H-S456N-N71Y

Die Ergebnisse der Bestimmung der pH-Stabilität der Variante sind in Abbildung 22 dargestellt, die Messungen wurden gemäß Kapitel II21.5 durchgeführt. Die P2OxB2H-S456N-N71Y besaß 100% Stabilität im pH-Bereich von pH 5 bis pH 11. Im Sauren bei pH 3,5 - 4 wies sie eine Aktivität von 80% auf, bei pH 2,5 war eine Restaktivität von 5% vorhanden. Im Basischen bei pH 12 besaß das Enzym noch 70% seiner Ausgangsaktivität, bei pH 12,5 waren noch 20% Restaktivität vohanden.

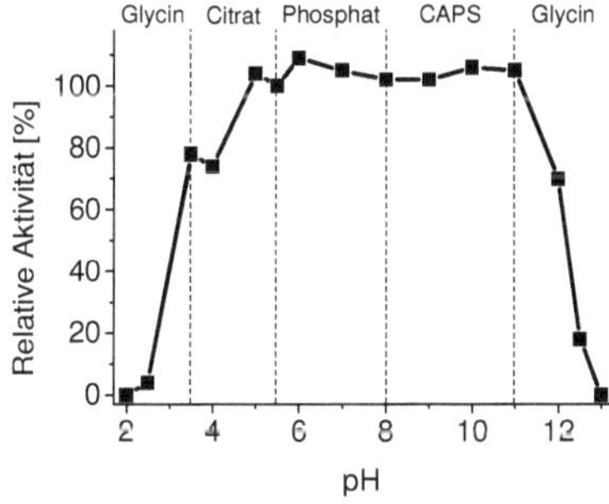

Abbildung 22: pH-Stabilität der P2OxB2H-S456N-N71Y. Das Enzym (0,2 U) wurde jeweils 30 min in den im Diagramm angegebenen Puffern (100 mM) von pH 2 bis pH 13,0 bei 30°C inkubiert. Es wurden die Ausgangsaktivität, die gleich 100% gesetzt wurde, und die Restaktivität nach der Inkubation im jeweiligen Puffer mit dem Standardtest erfasst.

pH-Optimum der P2OxB2H-S456N-N71Y

Die Reaktionsgeschwindigkeit der P2OxB2H-S456N-N71Y in Abhängigkeit vom pH-Wert wurde im Bereich von pH 2 - 12 mit dem Standardtest bestimmt (vgl. Kapitel II21.6) und in Abbildung 23 dargestellt.

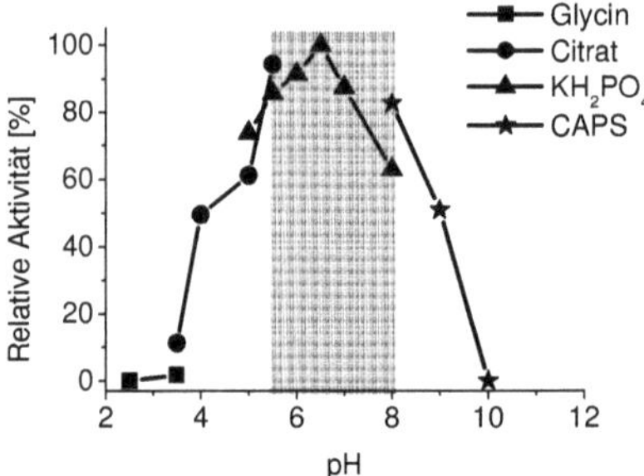

Abbildung 23: pH-Optimum der P2OxB2H-S456N-N71Y. Die Reaktionsansätze (0,1 U) enthielten 100 mM Puffer verschiedener pH-Werte im Bereich von pH 2 - 12 . Angegeben sind die relativen Aktivitäten bezogen auf den Ansatz mit der höchsten Aktivität (100%).

Die Variante zeigte ein breites Optimum von pH 5,5 in Citratpuffer bis pH 8 in CAPS-Puffer. Aktivität war von pH 3,5 - 9 messbar.

Substratspezifität der P2OxB2H-S456N-N71Y

Die Reaktionsgeschwindigkeiten der P2OxB2H-S456N-N71Y wurden analog zu Kapitel II19.2 ermittelt. Die spezifischen und relativen Aktivitäten der jeweiligen Substrate wurden auf den Umsatz des Hauptsubstrates D-Glucose bezogen und sind in Tabelle 36 dargestellt.

Tabelle 36: Substratspezifität der P2OxB2H-S456N-N71Y. Die Messung der Substratspezifität wurde mit Hilfe des Standardtests durchgeführt. Die Substrate lagen im Reaktionsansatz gesättigt vor, die Werte wurden durch Doppelbestimmung bestätigt.

Substrat	Spez. Aktivität [U/mg]		Rel. Aktivität [%]	
	P2OxB2H	**P2OxB2H-S456N-N71Y**	P2OxB2H	**P2OxB2H-S456N-N71Y**
D-Glucose	22,5	**25,4**	100	**100**
L-Sorbose	24,3	**11,8**	108	**46**
D-Xylose	22,0	**11,4**	98	**45**
2-Desoxy-D-glucose	3,6	**18,8**	16	**74**

Die Variante wies eine 5,2-fach erhöhte spezifische Aktivität für 2-Desoxy-D-glucose auf, für L-Sorbose und D-Xylose war eine Verringerung um das 2,1- bzw. 1,9-fache zu beobachten.

Die Abhängigkeit der Reaktionsgeschwindigkeit von der Substratkonzentration wurde mit dem Standardtest bestimmt (vgl. Kapitel II21.3). Die Ermittlung der K_m-Werte fand durch reziproke Auftragung der Messwerte nach Lineweaver-Burk statt (vgl. Abbildung 73), die daraus resultierenden kinetischen Daten sind in Tabelle 37 zusammengefasst. Die Standardabweichungen wurden jeweils durch Vierfachbestimmung bei zwei Enzymkonzentrationen ermittelt. Die Variante wies einen leicht verbesserten K_m für D-Glucose auf, die Werte für L-Sorbose und D-Xylose waren um das 1,7- bzw. 2,7-fache erhöht. Der K_m für 2-Desoxy-D-glucose war um das 5,8-fache verbessert. Daraus ergab sich eine um das 30,3-fache verbesserte katalytische Effizienz für das Zielsubstrat.

Tabelle 37: Kinetische Daten der P2OxB2H-S456N-N71Y. Dargestellt sind die K_m-Werte im Vergleich zum Parentalenzym P2OxB2H sowie die daraus resultierenden k_{cat}/K_m-Werte.

Substrat	K_m [mM]		k_{cat}/K_m [$s^{-1}M^{-1}$]	
	P2OxB2H	**P2OxB2H-S456N-N71Y**	P2OxB2H	**P2OxB2H-S456N-N71Y**
D-Glucose	0,4	**0,32 ± 0,01**	269100	**356658**
L-Sorbose	2,9	**5,0 ± 0,1**	34651	**10591**
D-Xylose	2,4	**6,5 ± 0,05**	45970	**8025**
2-Desoxy-D-glucose	99	**17,2 ± 0,6**	162	**4911**

Biokonversion mit P2OxB2H-S456N-N71Y unter Sauerstoffbegasung

Mit der Kombinationsvariante wurden Biokonversionen gemäß Kapitel II22 durchgeführt. Dabei wurden 100 mM 2-Desoxy-D-glucose bei 22°C in einem Reaktionsvolumen von 10 ml mit 5 U/ ml P2Ox unter Sauerstoffbegasung umgesetzt. Der Ansatz enthielt 80 000 U Katalase (Sigma). In Abbildung 24 ist der Verlauf der Konversionen dargestellt, der mittels HPLC-Analyse verfolgt wurde.

Die Kombinationsvariante P2OxB2H-S456N-N71Y schloss die Konversion innerhalb von 4 h vollständig ab. Die Hälfte des Substrates war bereits nach 25 min umgesetzt, die Konversion war damit 12-fach schneller als mit P2OxB2H, welche 50% der 2-Desoxy-D-glucose nach 5 h umgesetzt hatte.

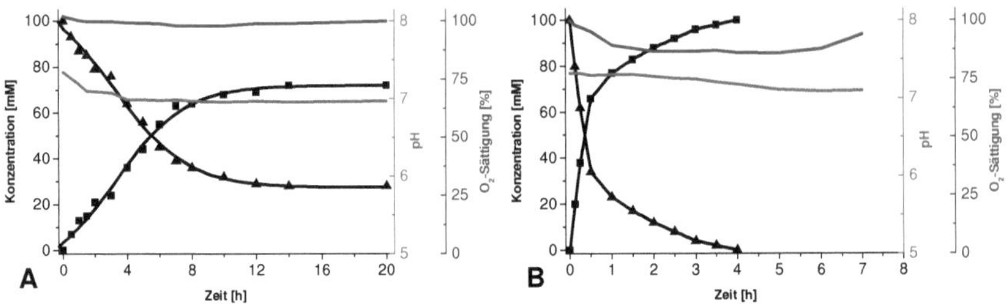

Abbildung 24: Biokonversion von 100 mM 2-Desoxy-D-glucose zu 2-Desoxy-3-keto-D-glucose mit P2OxB2H (A) bzw. P2OxB2H-S456N-N71Y (B). Die Biokonversion fand unter Zufuhr von reinem Sauerstoff statt. Überwacht wurden O_2-Sättigung (blau) und pH-Wert (grün). Es wurden jeweils 5 U Enzym pro ml Reaktionsvolumen eingesetzt.

1.3 Rationales Design im aktiven Zentrum zur Verbesserung der Verwertung von D-Galactose

Trotz des breiten Substratspektrums besitzt die Pyranose-2-Oxidase ein aktives Zentrum, dessen Form passgenau auf das Hauptsubstrat D-Glucose zugeschnitten ist (Bannwarth et al 2006, Hallberg et al 2002, Kujawa et al 2006) . Daher führen bereits geringfügige Strukturabweichungen dazu, das die entsprechenden Substrate nicht oder nur schlecht umgesetzt werden. Neben einer Zufallsmutagenese kann basierend auf der geklärten Struktur der Pyranose-2-Oxidase auch durch gezielten Austausch der Aminosäuren im aktiven Zentrum die Bindetasche zugunsten schlecht verstoffwechselter Substrate angepasst werden. Spadiut et al. haben dies anhand eines Austausches des Threonin 169 im aktiven Zentrum der P2Ox aus *Trametes multicolor* gezeigt, welcher eine leichte Verbesserung der Affinität zu D-Galactose zur Folge hatte (Spadiut et al 2007b). Aufgrund der hohen Sequenzhomologie zur P2Ox aus *P. gigantea* wurde Thr169 analog gegen Alanin, Serin und Glycin ausgetauscht.

1.3.1 Ortsgerichtete Mutagenese der P2OxB2H

Die ortsgerichtete Mutagenese der P2OxB2H wurde gemäß Kapitel II7.3 mit KOD-Polymerase und Mutageneseprimern (vgl. Tabelle 3) durchgeführt.

Tabelle 38: Aminosäureaustausche an der Position T169. Dargestellt sind die hergestellten Varianten und mutierten Sequenzabschnitte im Vergleich zum unmutierten Template.

Variante	Austausch	Sequenz
T169 (P2OxB2H)		$_{562}$-CACTGG**ACG**TGCGCG-$_{576}$
T169A	Threonin → Alanin	$_{562}$-CACTGG**GCG**TGCGCG-$_{576}$
T169G	Threonin → Glycin	$_{562}$-CACTGG**GGG**TGCGCG-$_{576}$
T169S	Threonin → Serin	$_{562}$-CACTGG**TCG**TGCGCG-$_{576}$

Die Punktmutationen wurden direkt im Expressionsplasmid pP2OxB2H vorgenommen, Templateplasmide mit *Dpn*I verdaut und die Produkte durch Elektroporation in kompetente *E. coli* BL21Gold(DE3) transformiert (vgl. Kapitel II12.1). Von den auf LB_{kan}-Platten gewachsenen Kolonien wurde pro Mutageneseansatz eine selektiert, angezogen und nach Plasmidpräparation per Sequenzanalyse auf korrekte Mutation überprüft (vgl. Kapitel II6.1, II13). Mutierte Klone wurden zur Charakterisierung exprimiert und angereichert. Die Sequenzen der erstellten Varianten sind in Tabelle 38 im Vergleich zum Template dargestellt.

1.3.2 Anreicherung und biochemische Charakterisierung der P2OxB2H-T169-Varianten

Die Anreicherung der P2OxB2H-Varianten erfolgte gemäß den Kapiteln II14.1.1, II15.1.1 und II16. Nach dem Ultraschallaufschluss wurden die Zellextrakte einer 10-minütigen Hitzefällung bei 60 °C unterzogen. Nach Zentrifugation wurde der jeweilige Überstand durch Affinitätschromatographie an Nickelsepharose aufgetrennt und die Varianten mit Hilfe ihres HisTags isoliert. Die Anreicherung der Varianten ist in Tabelle 65 bis Tabelle 67 zusammengefasst. Sie konnten nach Hitzefällung und Affinitätschromatographie mit einer spezifischen Aktivität von 0,17 U/mg (P2OxB2H-T169A), 5,7 U/mg (P2OxB2H-T169G) bzw. 3,8 U/mg (P2OxB2H-T169S) gelchromatographisch rein dargestellt werden (vgl. Abbildung 25). Die Variante P2OxB2H-T169A war nur sehr schwach aktiv und wurde daher von weiteren Charakterisierungsschritten ausgeschlossen.

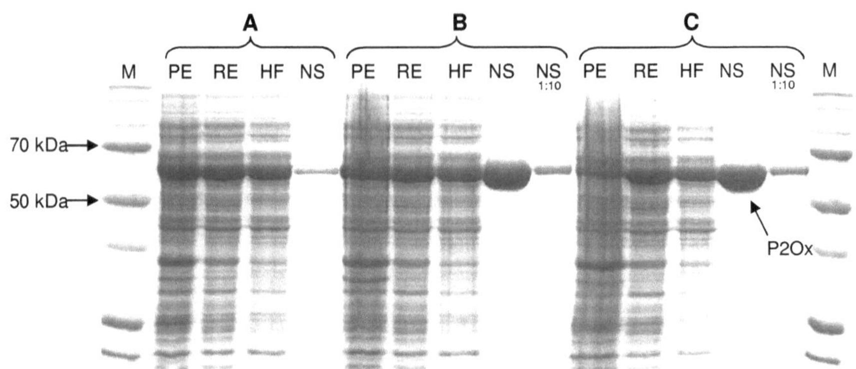

Abbildung 25: SDS-PAGE zur Darstellung verschiedener Aufreinigungsstufen der P2OxB2H-Varianten P2OxB2H-T169A (A), -T169S (B) und -T169G (C). Es wurden denaturierte Proben von Pellet (PE, 18 - 21 µg), Rohextrakt (RE, 19 - 20 µg), Hitzefällung (HF, 16 - 18 µg) und Ni-Sepharose (NS, 1 - 6 µg) eingesetzt, als Marker (M, 10 µg) diente der Dual Color© Proteinmarker (BioRad). Die Färbung erfolgte mit Coomassie Brilliant Blue.

Substratspezifität der P2OxB2H-T169-Varianten

Die Reaktionsgeschwindigkeiten der P2OxB2H-T169-Varianten wurden gemäß Kapitel II19.2 ermittelt. Die spezifischen und relativen Aktivitäten der jeweiligen Substrate wurden auf den Umsatz des Hauptsubstrates D-Glucose bezogen und sind in Tabelle 39 dargestellt.

Tabelle 39: Substratspezifität der P2OxB2H-T169-Varianten. Die Messung der Substratspezifität wurde mit Hilfe des Standardtests durchgeführt. Die Substrate lagen im Reaktionsansatz gesättigt vor, die Werte wurden durch Doppelbestimmung bestätigt.

	P2OxB2H		**-T169G**		**-T169S**	
Substrat	[U/mg]	[%]	[U/mg]	[%]	[U/mg]	[%]
D-Glucose	22	100	**5,7**	**100**	**3,8**	**100**
L-Sorbose	24	108	**2,6**	**46**	**2,8**	**73**
D-Xylose	22	98	**4,5**	**79**	**3,1**	**81**
D-Galactose	2,3	10	**3,7**	**65**	**0,4**	**10**
L-Arabinose	0,6	2,7	**4,6**	**81**	**1,8**	**46**

Alle Varianten wiesen verschlechterte spezifische Aktivitäten für die Hauptsubstrate auf. Gegenüber L-Arabinose zeigte P2OxB2H-T169G eine 7,7-fache Verbesserung der spezifischen und eine 30-fache Verbesserung der relativen Aktivität. P2OxB2H-T169S wies gegenüber diesem Substrat eine 3-fach erhöhte spezifische und eine 17-

fach erhöhte relative Aktivität auf. Für D-Galactose zeigte nur P2OxB2H-T169G eine Verbesserung um Faktor 1,6 in der spezifischen und 6,5 in der relativen Aktivität.
Die Abhängigkeit der Reaktionsgeschwindigkeit von der Substratkonzentration wurde mit dem Standardtest bestimmt (vgl. Kapitel II21.3). Die Ermittlung der K_m-Werte fand durch reziproke Auftragung der Messwerte nach Lineweaver-Burk statt (vgl. Abbildung 86f), die daraus resultierenden kinetischen Daten sind in Tabelle 40 zusammengefasst. Die Standardabweichungen wurden jeweils durch Vierfachbestimmung bei zwei Enzymkonzentrationen ermittelt. Im Gegensatz zu den spezifischen Aktivitäten hatten sich die K_m-Werte der beiden Varianten für D-Glucose und L-Sorbose verbessert, lediglich P2OxB2H-T169S wies für D-Xylose um das 4-fache erhöhte Werte auf. Die K_m-Werte für D-Galactose waren um Faktor 2,0 (T169G) bzw. 2,3 (T169S) verbessert, was sich in einer Erhöhung der katalytischen Effizienz um das 4,9- bzw. 4,0-fache zeigte. Für L-Arabinose waren die K_m-Werte um das 6,6- (T169G) bzw. 1,2-fache (T169S) und somit die katalytischen Effizienzen um Faktor 62 bzw. 7,4 verbessert.

Tabelle 40: Kinetische Daten der P2OxB2H-T169-Varianten. Dargestellt sind die K_m-Werte im Vergleich zum Parentalenzym P2OxB2H sowie die daraus resultierenden k_{cat}/K_m-Werte.

	K_m [mM]			k_{cat}/K_m [$s^{-1}M^{-1}$]		
	P2Ox-			P2Ox-		
Substrat	B2H	**T169G**	**T169S**	B2H	**T169G**	**T169S**
D-Glucose	0,4	**0,14 ± 0,003**	**0,12 ± 0,01**	269100	**182943**	**142289**
L-Sorbose	2,9	**2,6 ± 0,05**	**1,9 ± 0,04**	34651	**9851**	**8987**
D-Xylose	2,4	**3,0 ± 0,05**	**9,8 ± 0,04**	45970	**8537**	**1742**
D-Galactose	6,1	**3,2 ± 0,2**	**2,6 ± 0,1**	1650	**8004**	**6567**
L-Arabinose	25	**3,8 ± 0,05**	**21,4 ± 0,3**	108	**6740**	**798**

2 Optimierung der Expression der P2Ox

Bakterielle *inclusion bodies* (IBs) sind Aggregate fehlgefalteter Proteine, welche häufig bei der rekombinanten Überexpression auftreten (Maresova et al 2007). In der Biotechnologie stellt die Bildung von IBs ein entscheidenes Hindernis bei der Produktion löslicher, funktioneller Enzyme dar. Die Hauptgründe für die Aggregation rekombinanter Proteine liegen im limitierten Vorkommen von zelleigenen

Chaperonen (Lorimer 1996, Rinas & Bailey 1993), in Expressionsbedingungen wie der Kultivierungstemperatur (Chalmers et al 1990, Strandberg & Enfors 1991) und in den hydrophoben Eigenschaften des rekombinanten Proteins (Hoffmann et al 2004, Malissard & Berger 2001). Die Neigung von Pyranose-2-Oxidasen, bei Überexpression IBs zu bilden, wurde bereits mehrfach beschrieben (Bastian et al 2005, Maresova et al 2005, Vecerek et al 2004), ein System zur Überexpression ist allerdings bisher nicht bekannt. Maresova und Mitarbeiter haben durch Expression der P2Ox in verschiedenen Stämmen gezeigt, dass die Bildung der Aggregate wirtsunabhängig ist (Maresova et al 2007). Somit verbleibt die Möglichkeit der Optimierung der Kultivierungsbedingungen, was hinsichtlich Kultivierungstemperatur, Induktionszeitpunkt und -Level bereits in vorangegangenen Arbeiten geschehen ist (Bastian 2005), der Coexpression von Faltungshelfern, den Chaperonen (Sareen et al 2001), sowie der gentechnischen Verbesserung der Enzymlöslichkeit durch Entfernung hydrophober Reste (Hoffmann et al 2004, Malissard & Berger 2001, Murby et al 1995).

2.1 Autoinduzierende Medien

2.2 Gentechnische Verbesserung der Enzymlöslichkeit

Eine Möglichkeit, die Bildung von *inclusion bodies* auf molekularer Ebene zu verringern, ist der Austausch hydrophober Aminosäuren in der Enzymhülle. Maresova und Mitarbeiter haben gezeigt, dass vor allem stark exponierte hydrophobe Regionen eines Enzyms Anteil an der Bildung inaktiver Aggregate haben (Maresova et al 2007). Ein besonders hydrophober Sequenzabschnitt der P2Ox ist die Kopfdomäne, die aus der Enzymstruktur herausragt und somit ein geeignetes Ziel zum Austausch hydrophober durch hydrophilere Aminosäuren darstellt. Neben dieser Domäne existieren sechs weitere Sequenzabschnitte, die mit hydrophoben Seitenketten exponiert und nicht an der Oligomerisierung des Holoenzyms beteiligt sind. Auszutauschende Aminosäuren wurden nach dem Hydropathizitätsindex von Kyte und Doolittle ausgesucht (Kyte & Doolittle 1982) und in stark konservierten Bereichen wie der Kopfdomäne durch in anderen Pyranose-2-Oxidasen vorkommende, hydrophilere Aminosäuren ersetzt. In weniger konservierten Regionen kam das Prinzip von Bordo und Mitarbeitern zur Anwendung (Bordo & Argos 1991), welches jeweils chemisch und strukturell ähnliche

Aminosäuren als Ersatz vorschlägt. Die Austausche erfolgten durch ortsgerichtete Mutagenese, die erhaltenen Klone wurden durch Sequenzierung auf korrekte Austausche überprüft und zur Charakterisierung angezogen.

2.2.1 Erstellung der Hydropathizitätsvarianten

Die Aminosäureaustausche wurden durch ortsgerichtete Mutagenese gemäß Kapitel II7.3 unter Einsatz der KOD-Polymerase vorgenommen. Die verwendeten Mutageneseprimer sind in Tabelle 3 dargestellt. Es wurden bis zu vier Austausche pro Primer vorgenommen. Aufgrund des großen Abstands und der Anzahl der Austausche in der Kopfregion wurde diese in zwei Schritten durchgeführt, die mit Mut1 bzw. Mut2 bezeichnet wurden. Diese wurden einzeln charakterisiert und im Anschluss durch erneute Mutagenese (vgl. Kapitel II7.3) kombiniert. Die restlichen Austausche sind analog zu den verwendeten Primern mit Hydro1 bis Hydro6 bezeichnet. Die Mutationen wurden direkt im Expressionsplasmid pP2OxB2H vorgenommen, Templateplasmide mit *Dpn*I verdaut und die Produkte durch Elektroporation in kompetente *E. coli* BL21Gold(DE3) transformiert (vgl. Kapitel II12.1).

Tabelle 41: Aminosäureaustausche zur Verbesserung der Löslichkeit. Dargestellt sind die hergestellten Varianten und mutierten Sequenzabschnitte. Zahlen im Index: Basenbereich der Sequenz. Fett: Basenaustausche.

Variante	Austausche	Sequenz
P2OxMut1	T378K, A379S, G385G*	$_{1192}$-GTCA**A**G**TC**CGATATGACCATTGTCGG**C**AAG-$_{1221}$
P2OxMut2	T395S, S398P	$_{1242}$-GTCA**GC**TACACC**C**C**C**GGC-$_{1259}$
P2OxHydro1	A68S, F70Y	$_{262}$-GAG**T**CCGGCT**A**CAAC-$_{276}$
P2OxHydro2	V259S	$_{768}$-ACC**TC**GTTCGATCTC-$_{782}$
P2OxHydro3	L287T, F288Y, A290S	$_{889}$-AAT**AC**CT**A**CCCC**T**CC-$_{906}$
P2OxHydro4	I295T, I296T	$_{943}$-GAGA**C**CA**CC**GGCCTG-$_{957}$
P2OxHydro5	L346T, L349T, L350T	$_{1095}$-CCG**AC**GCCGTCT**AC**G**AC**G-$_{1112}$
P2OxHydro6	F572Y, L575T, F576Y, L577T	$_{1776}$-CGGCT**A**CAAGAAC**AC**CT**A**C**AC**CGGC-$_{1800}$

*Stiller Austausch zur Verbesserung der *Codon Usage*

Von den auf LB_{kan}-Platten gewachsenen Kolonien wurde pro Mutageneseansatz eine selektiert, angezogen und nach Plasmidpräparation per Sequenzanalyse auf korrekte Mutationen überprüft (vgl. Kapitel II6.1, II13). Mutierte Klone wurden zur Charakterisierung exprimiert und angereichert. Die Sequenzen der erstellten Varianten sind in Tabelle 41 im Vergleich zum Template dargestellt.

2.2.2 Anreicherung und biochemische Charakterisierung der Hydropathizitätsvarianten

Die Anreicherung der P2OxB2H-Varianten erfolgte gemäß den Kapiteln II14.1.1, II15.1.1 und II16. Nach dem Ultraschallaufschluss wurden die Zellextrakte einer 10-minütigen Hitzefällung bei 60°C unterzogen. Nach Zentrifugation wurde der jeweilige Überstand durch Affinitätschromatographie an Nickelsepharose aufgetrennt und die Varianten mit Hilfe ihres HisTags isoliert. Die Anreicherung der Varianten ist in Tabelle 68 bis Tabelle 74 zusammengefasst. Sie konnten nach Hitzefällung und Affinitätschromatographie mit einer spezifischen Aktivität von 10,1 U/mg (P2OxB2H-Hydro3) bis 37 U/mg (P2OxB2H-Hydro1) gelchromatographisch rein dargestellt werden. Zusätzlich zu den Aliquots der einzelnen Aufreinigungsschritte wurden Proben der Zellpellets aufgetragen, um im Anschluss an die SDS-PAGE den Gehalt an *inclusion bodies* quantifizieren zu können (vgl. Abbildung 26 und Abbildung 27). Variante P2OxB2H-Hydro5 erwies sich als inaktiv und wurde daher nicht weiter charakterisiert.

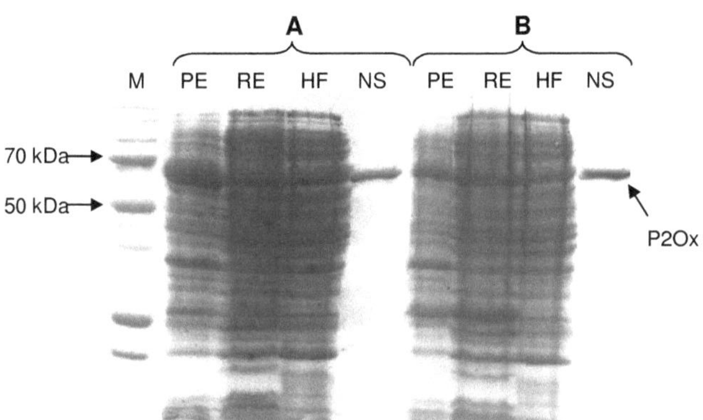

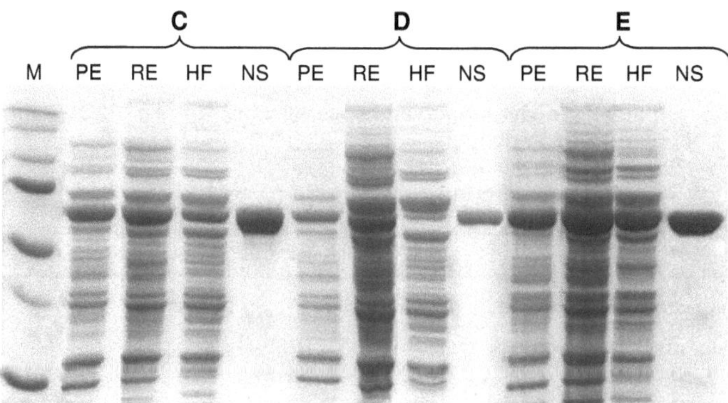

Abbildung 26: SDS-PAGE zur Darstellung verschiedener Aufreinigungsstufen der P2OxB2H-Varianten P2OxB2H-Hydro1 (A), -Hydro2 (B), -Hydro3 (C), -Hydro4 (D) und -Hydro6 (E). Es wurden denaturierte Proben von Pellet (PE, 16 - 20 µg), Rohextrakt (RE, 17 - 22 µg), Hitzefällung (HF, 15 - 18 µg) und Ni-Sepharose (NS, 2 - 5 µg) eingesetzt, als Marker (M, 10 µg) diente der Dual Color© Proteinmarker (BioRad). Die Färbung erfolgte mit Coomassie Brilliant Blue.

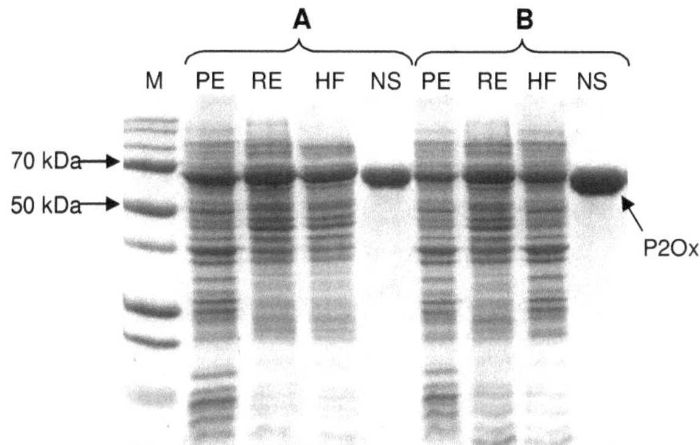

Abbildung 27: SDS-PAGE zur Darstellung verschiedener Aufreinigungsstufen der P2OxB2H-Varianten P2OxB2H-Mut1 (A) und -Mut2 (B). Es wurden denaturierte Proben von Pellet (PE, 18 µg), Rohextrakt (RE, 19 µg), Hitzefällung (HF, 18 µg) und Ni-Sepharose (NS, 3 u. 5 µg) eingesetzt, als Marker (M, 10 µg) diente der Dual Color© Proteinmarker (BioRad). Die Färbung erfolgte mit Coomassie Brilliant Blue.

Anhand der Farbdichte der P2Ox-Banden in Pelletfraktion und Rohextrakt wurde mit Hilfe der 1D-Analyse-Software *QuantityOne©* (BioRad) eine quantitative Densitometrie durchgeführt, um den Anteil von inclusion bodies und löslichem Protein zur gesamten exprimierten P2Ox zu bestimmen (vgl. Kapitel II18.3). Die Ergebnisse dieser Analyse sind in Tabelle 42 dargestellt. Keine der Varianten wies eine signifikante Verbesserung auf, lediglich bei P2OxB2H-Hydro6 und -Mut2 war der Anteil an *inclusion bodies* leicht gesunken.

Tabelle 42: Einfluss der Hydrophobizitätsaustausche auf die P2Ox-Bildung unter Standard-Kultivierungsbedingungen.

Variante	Anteil am Gesamtprotein der P2Ox [%]	
	Inclusion bodies	Lösliches Protein
P2OxB2H-	35	65
-Hydro1	45	55
-Hydro2	35	65
-Hydro3	40	60
-Hydro4	58	42
-Hydro6	33	67
-Mut1	35	65
-Mut2	34	66

Substratspezifität der Hydropathizitätsvarianten

Um die Auswirkungen durch die Austausche genauer zu untersuchen und besonders bei den zu kombinierenden Varianten eine Verschlechterung der katalytischen Effizienzen auszuschließen, wurden die Reaktionsgeschwindigkeiten der Hydropatizitätsvarianten ermittelt (vgl. Kapitel II19.2). Die spezifischen und relativen Aktivitäten der jeweiligen Substrate wurden auf den Umsatz des Hauptsubstrates D-Glucose bezogen und sind in Tabelle 43 dargestellt.

Tabelle 43: Substratspezifität der Hydropathizitätsvarianten der P2OxB2H. Die Messung der Substratspezifität wurde mit Hilfe des Standardtests durchgeführt. Die Substrate lagen im Reaktionsansatz gesättigt vor, die Werte wurden durch Doppelbestimmung bestätigt.

	Spezifische Aktivität [U/mg]							
Substrat	P2OxB2H-	**Hydro1**	**Hydro2**	**Hydro3**	**Hydro4**	**Hydro6**	**Mut1**	**Mut2**
D-Glucose	22,5	**37,0**	**24,9**	**10,1**	**15,9**	**14,4**	**22,5**	**14,4**
L-Sorbose	24,3	**39,2**	**23,4**	**4,3**	**15,6**	**17,9**	**24,8**	**17,0**
D-Xylose	22,0	**23,7**	**17,9**	**4,2**	**9,1**	**11,5**	**21,8**	**14,5**

	Relative Aktivität [%]							
Substrat	P2OxB2H	**Hydro1**	**Hydro2**	**Hydro3**	**Hydro4**	**Hydro6**	**Mut1**	**Mut2**
D-Glucose	100	**100**	**100**	**100**	**100**	**100**	**100**	**100**
L-Sorbose	108	**106**	**94**	**43**	**98**	**124**	**110**	**118**
D-Xylose	98	**64**	**72**	**42**	**57**	**80**	**97**	**101**

Drei Varianten, P2OxB2H-Hydro1, -Hydro2 und -Mut1, zeigten eine leichte Verbesserung in ihrer spezifischen Aktivität gegenüber D-Glucose. Die Verwertung von L-Sorbose und D-Xylose war insbesondere bei den Varianten P2OxB2H-Hydro2, -Hydro3 und Hydro4 deutlich verschlechtert.

Die Abhängigkeit der Reaktionsgeschwindigkeit der Hydropathizitätsvarianten von der Substratkonzentration wurde für die Hauptsubstrate und das Zielsubstrat mit dem Standardtest bestimmt (vgl. Kapitel II21.3). Die K_m-Werte, ausgedrückt durch die Michaelis-Menten-Konstanten, wurden graphisch durch reziproke Auftragung der Messwerte nach Lineweaver-Burk ermittelt (vgl.Abbildung 77 - Abbildung 83) und sind mit den daraus resultierenden katalytischen Effizienzen in Tabelle 44 dargestellt. Die Standardabweichung wurde durch Vierfachbestimmung bei zwei Enzymkonzentrationen ermittelt. Für D-Glucose zeigten alle Varianten erhöhte K_m-Werte um Faktor 1,4 (P2OxB2H-Mut1) bis 2,8 (P2OxB2H-Hydro3). Für L-Sorbose waren die K_m-Werte um das 1,5- (P2OxB2H-Hydro4) bis 5,3-fache (P2OxB2H-Hydro3) erhöht, für D-Xylose um das 1,9- (P2OxB2H-Hydro4) bis 3,4-fache (P2OxB2H-Mut1).

Tabelle 44: Kinetische Daten der Hydropatizitätsvarianten. Dargestellt sind die K_m-Werte der Varianten im Vergleich zum Parentalenzym P2OxB2H (A) sowie die sich daraus ergebenden k_{cat}/K_m-Werte (B).

A)	K_m-Werte [mM]							
Substrat	P2OxB2H	**Hydro1**	**Hydro2**	**Hydro3**	**Hydro4**	**Hydro6**	**Mut1**	**Mut2**
D-Glucose	0,4	**0,65 ± 0,03**	**0,69 ± 0,01**	**1,1 ± 0,005**	**0,58 ± 0,05**	**0,58 ± 0,01**	**0,55 ± 0,02**	**0,64 ± 0,015**
L-Sorbose	2,9	**8,4 + 0,3**	**10,3 ± 0,35**	**15,5 ± 0,02**	**4,3 ± 0,03**	**5,3 ± 0,02**	**12,2 ± 0,2**	**8,4 ± 0,15**
D-Xylose	2,4	**7,6 ± 0,25**	**7,2 ± 0,05**	**6,7 ± 0,05**	**4,6 ± 0,1**	**7,1 ± 0,1**	**8,1 ± 0,06**	**6,8 ± 0,15**

B)	k_{cat}/K_m [$s^{-1}M^{-1}$]							
Substrat	P2OxB2H	**Hydro1**	**Hydro2**	**Hydro3**	**Hydro4**	**Hydro6**	**Mut1**	**Mut2**
D-Glucose	269100	**255774**	**162151**	**17565**	**123179**	**111559**	**183818**	**101100**
L-Sorbose	34651	**20969**	**10339**	**1218**	**16301**	**15176**	**9134**	**9094**
D-Xylose	45970	**14012**	**11171**	**2817**	**8889**	**7278**	**12093**	**9581**

Trotz verschlechterter katalytischer Effizienzen für die Hauptsubstrate wurden die Varianten der Kopfdomäne, P2OxB2H-Mut1 und -Mut2, durch gerichtete Mutagenese kombiniert. Die Kombinationsvariante P2OxB2H-Mut1+2 wird im Folgenden mit P2OxB2H1 bezeichnet. Die Varianten P2OxB2H-Hydro1 bis -Hydro6 wurden nicht weiter charakterisiert, da der Einfluss dieser Austausche auf die *inclusion body*-Bildung zu gering war.

2.2.3 Anreicherung und biochemische Charakterisierung der Kombinationsvariante P2OxB2H-Mut1+2 (P2OxB2H1)

Die Anreicherung der P2OxB2H1 erfolgte gemäß den Kapiteln II14.1.1, II15.1.1 und II16. Nach dem Ultraschallaufschluss wurde der Zellextrakt einer 10-minütigen Hitzefällung bei 60 °C unterzogen. Nach Zentrifugation wurde der Überstand durch Affinitätschromatographie an Nickelsepharose aufgetrennt und die Variante mit Hilfe ihres HisTags isoliert. Die Anreicherung der P2OxB2H1 ist in Tabelle 45 zusammengefasst. Sie konnte durch Hitzefällung und Affinitätschromatographie mit einer Ausbeute von 82% um das 33-fache angereichert und mit einer spezifischen Aktivität von 30,2 U/mg gelchromatographisch rein dargestellt werden (vgl. Abbildung 28). Zusätzlich zu den Aliquots der einzelnen Aufreinigungsschritte wurden Proben der Zellpellets aufgetragen, um im Anschluss an die SDS-PAGE den Gehalt an *inclusion bodies* quantifizieren zu können.

Tabelle 45: Reinigungstabelle der P2OxB2H1.

	Gesamtaktivität [U]	Gesamtprotein [mg]	Spez. Aktivität [U/mg]	Ausbeute [%]	Anreicherung [-fach]
Rohextrakt	98	106	0,9	100	1
Hitzefällung	89	84	1,1	91	1,1
Ni-Sepharose	80	2,8	**30,2**	82	33

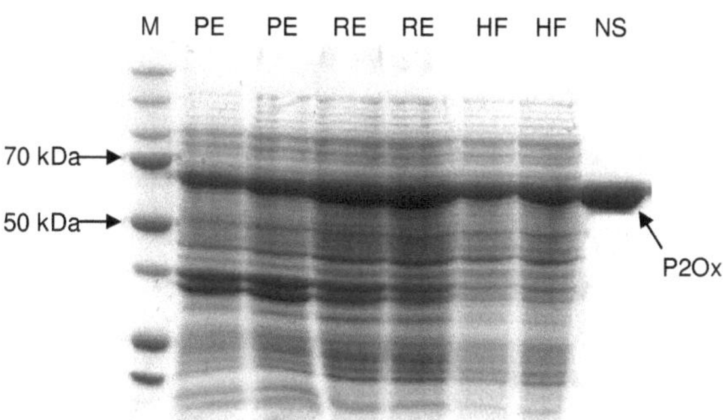

Abbildung 28: SDS-PAGE zur Darstellung verschiedener Aufreinigungsstufen der P2OxB2H1. Es wurden denaturierte Proben von Pellet (PE, 20 µg), Rohextrakt (RE, 23 µg), Hitzefällung (HF, 17 µg) und Ni-Sepharose (NS, 5 µg) eingesetzt, als Marker (M, 10 µg) diente der Dual Color© Proteinmarker (BioRad). Die Färbung erfolgte mit Coomassie Brilliant Blue.

Anhand der Farbdichte der P2Ox-Banden in Pelletfraktion und Rohextrakt wurde mit Hilfe der 1D-Analyse-Software *QuantityOne©* (BioRad) eine quantitative Densitometrie durchgeführt, um den Anteil von inclusion bodies und löslichem Protein zur gesamten exprimierten P2Ox zu bestimmen (vgl. Kapitel II18.3). Die Ergebnisse dieser Analyse sind in Tabelle 46 dargestellt. Im Vergleich zur P2OxB2H bildete die Variante P2OxB2H1 bei einer Anzucht bei 20°C 38% weniger *inclusion bodies*. Bei höheren Kultivierungstemperaturen (28°C, 37°C) verhielt sich die Variante ähnlich wie das Parentalenzym, welches bei 28°C zu 53% und bei 37°C vollständig als *inclusion bodies* vorliegt (Daten nicht gezeigt).

Tabelle 46: Einfluss der Hydrophobizitätsaustausche auf die P2Ox-Bildung unter Standard-Kultivierungsbedingungen.

Variante	Anteil am Gesamtprotein der P2Ox [%]	
	Inclusion bodies	Lösliches Protein
P2OxB2H	35	65
P2OxB2H1	21	79

Temperaturstabilität der P2OxB2H1

Die Temperaturstabilität wurde gemäß Kapitel II21.4 im Bereich um die optimale Reaktionstemperatur bis zur Temperatur sofortiger Denaturierung bestimmt, die Ergebnisse sind in Abbildung 29 dargestellt.

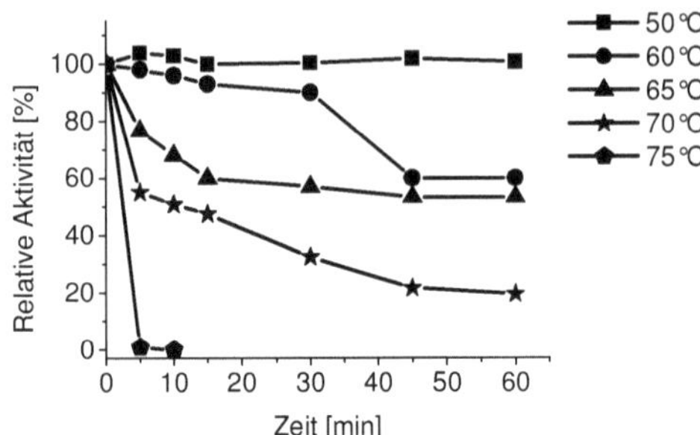

Abbildung 29: Temperaturstabilität der P2OxB2H1. Das Enzym (0,1 U) wurde bei den angegebenen Temperaturen 60 min inkubiert und mit dem Standardtest vermessen. Dargestellt sind die relativen Aktivitäten zu den Messzeitpunkten, wobei die jeweilige Aktivität vor Inkubationsstart gleich 100% gesetzt wurde.

Bei Inkubation bei 50°C blieb das Enzym über den gesamten Messzeitraum stabil. Bei 60°C kam es nach 45 min zu einem Aktivitätsverlust von 40%, bei 65°C bereits nach 15 min. Bei 70°C kam es zu einem stetigen Absinken der Aktivität über 45 min auf 20%, bei 75°C war die P2OxB2H1 bereits nach 10 min vollständig denaturiert.

pH-Stabilität der P2OxB2H1

Die Ergebnisse der Bestimmung der pH-Stabilität der Variante sind in Abbildung 30 darstellt. Die Messungen erfolgten mit dem Standardtest gemäß Kapitel II21.5. Die Variante wies eine vollständige Stabilität nach 30-minütiger Inkubation im Bereich von pH 3,5 bis pH 12,5 auf, ab pH 2,5 bzw. pH 13 war keine Restaktivität mehr messbar.

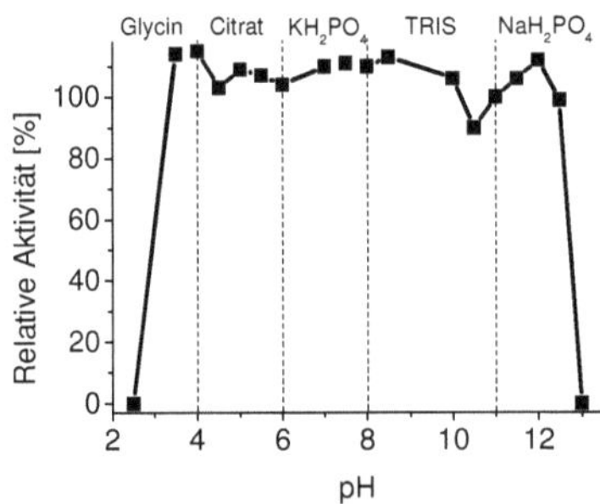

Abbildung 30: pH-Stabilität der P2OxB2H1. Das Enzym (0,2 U) wurde jeweils 30 min in den im Diagramm angegebenen Puffern (100 mM) von pH 2 bis pH 13,0 bei 30°C inkubiert. Es wurden die Ausgangsaktivität, die gleich 100% gesetzt wurde, und die Restaktivität nach der Inkubation im jeweiligen Puffer mit dem Standardtest erfasst.

pH-Optimum der P2OxB2H1

Die Reaktionsgeschwindigkeit der P2OxB2H1 in Abhängigkeit vom pH-Wert wurde im Bereich von pH 2,5 - 12 mit dem Standardtest bestimmt (vgl. Kapitel II21.6) und in Abbildung 31 dargestellt. Das pH-Optimum der P2OxB2H1 lag bei pH 5,5 in Kaliumphosphatpuffer. Im Bereich von pH 5 bis pH 8 wies die Variante hohe Aktivitäten von über 60% auf.

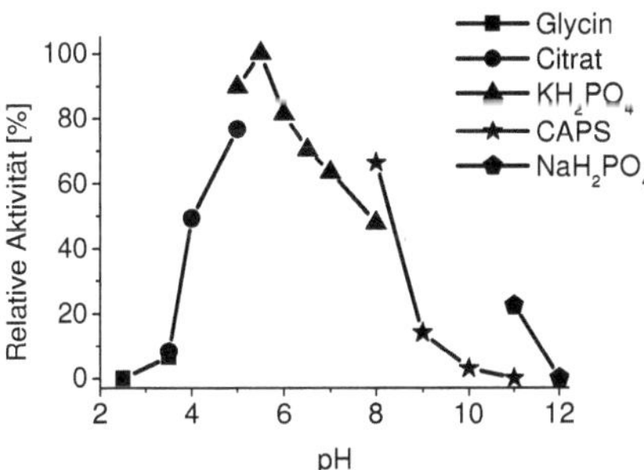

Abbildung 31: pH-Optimum der P2OxB2H1. Die Reaktionsansätze (0,1 U) enthielten 100 mM Puffer verschiedener pH-Werte im Bereich von pH 2,5 - 12 . Angegeben sind die relativen Aktivitäten bezogen auf den Ansatz mit der höchsten Aktivität, die als 100% gesetzt wurde.

Substratspezifität der P2OxB2H1

Die Reaktionsgeschwindigkeiten der P2OxB2H1 wurden analog zu Kapitel II19.2 ermittelt.

Tabelle 47: Substratspezifität der P2OxB2H1. Die Messung der Substratspezifität wurde mit Hilfe des Standardtests durchgeführt. Die Substrate lagen im Reaktionsansatz gesättigt vor, die Werte wurden durch Doppelbestimmung bestätigt.

	Spez. Aktivität [U/mg]		Rel. Aktivität [%]	
Substrat	P2OxB2H	**P2OxB2H1**	P2OxB2H	**P2OxB2H1**
D-Glucose	22,5	**30,2**	100	**100**
L-Sorbose	24,3	**30,4**	108	**101**
D-Xylose	22,0	**23,2**	98	**77**
D-Galactose	2,3	**2,7**	10	**9**
D-Mannose	7,6	**9,0**	34	**30**
2-Desoxy-D-glucose	3,6	**5,4**	16	**18**
6-Desoxy-D-glucose	26,8	**40,3**	119	**134**

Die spezifischen und relativen Aktivitäten der jeweiligen Substrate wurden auf den Umsatz des Hauptsubstrates D-Glucose bezogen und sind in Tabelle 47 dargestellt. Die P2OxB2H1 wies eine 1,3-fach erhöhte spezifische Aktivität für D-Glucose auf. Die relativen Aktivitäten zeigten für die meisten getesteten Substrate nur geringe Abweichungen gegenüber dem Parentalenzym, mit Ausnahme einer 1,3-fach niedrigeren relativen Aktivität für D-Xylose und einer 1,1-fachen Verbesserung für 6-Desoxy-D-glucose.

Die Abhängigkeit der Reaktionsgeschwindigkeit von der Substratkonzentration wurde mit dem Standardtest bestimmt (vgl. Kapitel II21.3). Die Ermittlung der K_m-Werte fand durch reziproke Auftragung der Messwerte nach Lineweaver-Burk statt (vgl. Abbildung 62), die daraus resultierenden kinetischen Daten sind in Tabelle 48 zusammengefasst. Die Standardabweichungen wurden jeweils durch Vierfachbestimmung bei zwei Enzymkonzentrationen ermittelt. Die Variante wies für D-Xylose einen um das 2,8-fache erhöhten K_m-Werte auf, für die weiteren getesteten Substrate zeigte die P2OxB2H1 leicht verbesserte Affinitäten. Die katalytischen Effizienzen der Variante waren für die meisten Substrate mit Ausnahme von D-Xylose deutlich erhöht. Für 6-Desoxy-D-glucose lag eine Verbesserung um das 2,3-fache vor.

Tabelle 48: Kinetische Daten der P2OxB2H1. Dargestellt sind die K_m-Werte im Vergleich zum Parentalenzym P2OxB2H sowie die daraus resultierenden k_{cat}/K_m-Werte.

Substrat	K_m [mM]		k_{cat}/K_m [$s^{-1}M^{-1}$]	
	P2OxB2H	**P2OxB2H1**	P2OxB2H	**P2OxB2H1**
D-Glucose	0,4	**0,34 ± 0,02**	269100	**399114**
L-Sorbose	2,9	**2,5 ± 0,1**	34651	**54639**
D-Xylose	2,4	**6,7 ± 0,1**	45970	**15559**
D-Galactose	6,1	**5,25 ± 0,02**	1650	**2311**
D-Mannose	101	**101,4 ± 0,8**	336	**399**
2-Desoxy-D-glucose	99	**94,8 ± 0,5**	162	**256**
6-Desoxy-D-glucose	0,96	**0,62 ± 0,02**	125533	**292067**

2.3 Coexpression der P2OxB2H1 mit Chaperonen

Neben hydrophoben Regionen in der Proteinhülle ist oft auch eine Überlastung der zelleigenen Maschinerie an Chaperonen der Grund für einen hohen Anteil an *inclusion bodies* (Lorimer 1996, Rinas & Bailey 1993). Durch die Coexpression der

P2Ox mit Chaperon-tragenden Plasmiden (Takara Bio Inc.) kann die korrekte Faltung des rekombinanten Enzyms unterstützt und so die Ausbeute erhöht werden. Die Expression der P2OxB2H wurde bereits auf diese Art verbessert (Pitz 2007), dabei hatte sich der Triggerfaktor aus *E. coli* als das effektivste Chaperon erwiesen. Um diesen Effekt auf P2OxB2H1 zu übertragen wurden kompetente Zellen von *E. coli* BL21(Gold)DE3 hergestellt, die das Triggerfaktor-Plasmid pTf16 trugen. Diese wurden mit pP2OxB2H1 transformiert und beide Gene zur Expression gebracht (vgl. Kapitel II11, II12.1 und II14.1.2). Parallel dazu wurden P2OxB2H und P2OxB2H1 zum Vergleich exprimiert und alle Varianten gemäß Kapitel II15.1.1, II16.1 und II16.2 aufgereinigt. Die Expression fand bei 20°C und 28°C statt. Der Verlauf der Aufreinigung der P2OxB2H1 mit dem Triggerfaktor ist in Tabelle 49 dargestellt.

Unter Coexpression des Triggerfaktors konnte die Variante P2OxB2H1 mit einer 94%-igen Ausbeute um das 30-fache zu einer spezifischen Aktivität von 31,9 U/mg angereichert werden. Die Ausbeute an reinem Enzym aus 250 ml Kultur nach Aufreinigung über Nickelsepharose lag dabei um das 1,7-fache höher als ohne Triggerfaktor (vgl. Tabelle 45).

Tabelle 49: Reinigungstabelle der P2OxB2H1 mit Tf16 bei 28°C.

	Gesamtaktivität [U]	Gesamtprotein [mg]	Spez. Aktivität [U/mg]	Ausbeute [%]	Anreicherung [-fach]
Rohextrakt	143	135	1,1	100	1
Hitzefällung	138	58	2,4	97	2,2
Ni-Sepharose	134	4,2	**31,9**	94	30

Die Aufreinigung von P2OxB2H und P2OxB2H1 mit Tf16 ist in Abbildung 32 anhand einer SDS-PAGE dokumentiert (P2OxB2H1 siehe Abbildung 28). Zur Quantifizierung der *inclusion bodies* wurden identisch behandelte Proben des Zellpellets aufgetragen.

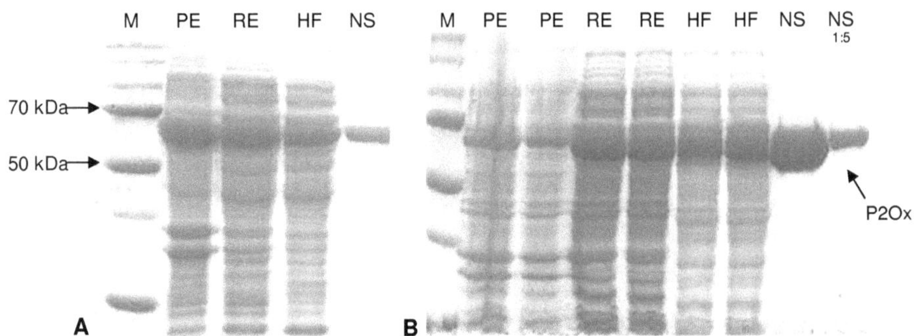

Abbildung 32: SDS-PAGE zur Darstellung verschiedener Aufreinigungsstufen von P2OxB2H (A) und P2OxB2H1+Tf16 (B). Es wurden denaturierte Proben von Pellet (PE, 18 µg), Rohextrakt (RE, 20 - 22 µg), Hitzefällung (HF, 16 - 17 µg) und Ni-Sepharose (NS, 3 - 8 µg) eingesetzt, als Marker (M, 10 µg) diente der Dual Color© Proteinmarker (BioRad). Die Färbung erfolgte mit Coomassie Brilliant Blue.

Anhand der Farbdichte der P2Ox-Banden in Pelletfraktion und Rohextrakt wurde mit Hilfe der 1D-Analyse-Software *QuantityOne©* (BioRad) eine quantitative Densitometrie durchgeführt, um den Anteil von *inclusion bodies* und löslichem Protein zur gesamten exprimierten P2Ox zu bestimmen (vgl. Kapitel II18.3). Die Ergebnisse dieser Analyse sind in Tabelle 50 dargestellt.

Unter Einfluss des Triggerfaktors war die *inclusion body*-Bildung bei 20℃ um Faktor 2,9 verringert, was einer Verbesserung um das 4,8-fache im Vergleich mit dem Parentalenzym entspricht. Bei einer Kultivierung bei 28℃ war die Löslichkeit des Enzyms um das 5,3-fache verbessert, lediglich 10% der P2Ox lagen als inaktive Aggregate vor.

Tabelle 50: Einfluss der Coexpression des Triggerfaktor auf die P2OxB2H1-Bildung unter Standard-Kultivierungsbedingungen.

Variante	Anteil am Gesamtprotein der P2Ox [%]			
	20℃		28℃	
	Inclusion bodies	Lösliches Protein	*Inclusion bodies*	Lösliches Protein
P2OxB2H	35	65	53	47
P2OxB2H1	21	79	n.b.	n.b.
P2OxB2H1+Tf16	7,3	93	10	90

2.4 Verbesserung der Expression durch Erhöhung der Zelldichte

Neben einer Erhöhung der Produktivität der einzelnen Wirtszelle bezüglich des rekombinanten Enzyms kann durch definierte Kultivierungsparameter auch die Zelldichte pro Liter Kulturmedium erhöht werden. Da bei nicht-sezernierten Enzymen die Proteinkonzentration proportional zur Zellkonzentration steigt, wird so die Ausbeute an rekombinatem Enzym gesteigert (Lee 1996).

Da bisherige Fermentationsprozesse mit P2Ox in *E. coli* BL21(DE3) durchgeführt wurden (Bastian 2005), wurde die Variante P2OxB2H1 zur besseren Vergleichbarkeit der Verfahren in diesen Stamm gemäß Kapitel II11 und II12 umkloniert. Dazu wurden kompetente Zellen von *E. coli* BL21(DE3) hergestellt, mit pTf16 transformiert und überprüft. Aus einem positiven Klon wurden erneut kompetente Zellen hergestellt und diese mit pP2OxB2H1 transformiert. Klone wurden auf LB_{kan+cm} selektiert und durch *BamHI*-Kontrollverdau auf Vorhandensein der Plasmide überprüft.

Gemäß Kapitel II14.1.5 wurden 20 ml LB_{kan+cm} als Vorkultur mit 10 µl einer Glycerinkultur von *E. coli* BL21(DE3) mit pP2OxB2H1 und pTf16 über Nacht bei 37 °C inkubiert und am Folgetag der Fermenter mit 1 L Basismedium (vgl. Kapitel II2.1) zu einer OD_{600} von 0,003 angeimpft. Die primäre Fermentation erfolgte bei 37 °C. Bei Erreichen einer Zelldichte von OD_{600}= 20 nach 18 h wurde durch Zugabe von 0,1 mM IPTG und 0,5 mg/ml Arabinose die Enzymexpression induziert und die Temperatur auf 28 °C gesenkt. Zum gleichen Zeitpunkt wurde das *feeding* mit 1,74 mmol/ml Glucoselösung pro min gestartet, da der Verbrauch der D-Glucose im Medium durch einen steigenden pH angezeigt wurde. Die Titration erfolgte mit 4 M H_2SO_4 bzw. 25%igem Ammoniak, welcher zugleich als Stickstoffquelle diente. Davon wurden im Laufe der Fermentation durchschnittlich 40 bzw. 95 ml zugegeben. Der Verlauf der Fermentation wurde durch Messung der Zelldichte bei OD_{600} und Aktivitätsmessung aufgeschlossener Proben mit dem Standardtest bestimmt und ist in Abbildung 33 dargestellt. Die Proben wurden außerdem durch eine SDS-PAGE analysiert (vgl. Abbildung 34).

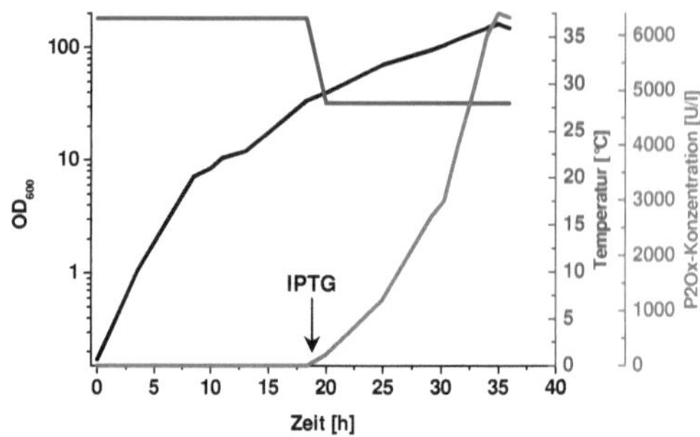

Abbildung 33: Hochzelldichtefermentation von *E. coli* BL21(DE3) mit P2OxB2H + Tf16. Pfeil: Induktion mit IPTG und Temperaturshift von 37°C auf 28°C. Schwarz: Zelldichte; blau: Kultivierungstemperatur; rot: P2Ox-Aktivität.

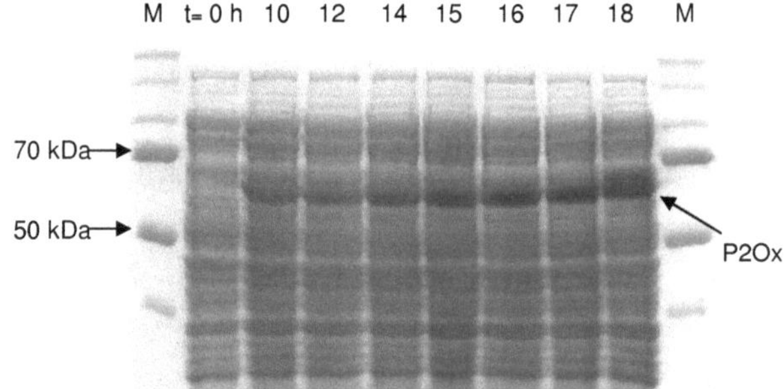

Abbildung 34: SDS-PAGE zur Darstellung des Fermentationsverlaufs von P2OxB2H1+Tf16 nach Induktion. Es wurden denaturierte Rohextraktproben (ca. 20 µg) von 0 - 18 h nach Induktion eingesetzt, als Marker (M, 10 µg) diente der Dual Color© Proteinmarker (BioRad). Die Färbung erfolgte mit Coomassie Brilliant Blue.

Die Zellen erreichten nach 18 h eine OD_{600} von 20 und wurden induziert. Durch die anschließende Temperaturerniedrigung kam es zu einer Verlangsamung des Wachstums. Nach weiteren 17 h hatte die Kultur ihre maximale OD_{600} von 162 erreicht und trat in die stationäre Phase ein, woraufhin die Zellen geerntet wurden (10 min bei 6100 x g und 4°C). Das Feuchtgewicht der Zellen betrug 317 g, was einem Trockengewicht von ca. 63 g entspricht (Lee 1996). Die Zellen wurden in 800 ml KH_2PO_4 (100 mM, pH 7) resuspendiert und mit Ultraschall aufgeschlossen (vgl. Kapitel II15.1.1). Nach Zentrifugation zur Entfernung der Zelltrümmer wurde der Rohextrakt 10 min bei 60°C gefällt, denaturierte Protein abzentrifugiert und der Überstand mit Hilfe des HisTags an Nickelsepharose gereinigt. Der Verlauf der

Reinigung ist in Tabelle 51 dargestellt und in Abbildung 35 anhand einer SDS-PAGE dokumentiert.

Tabelle 51: Reinigungstabelle der P2OxB2H1+Tf16 nach Hochzelldichtefermentation (bezogen auf 1 L Kultur).

	Gesamt-volumen [ml]	Gesamt-aktivität [U]	Gesamt-protein [mg]	Spez. Aktivität [U/mg]	Ausbeute [%]	Anreicherung [-fach]
Rohextrakt	800	6333	3214	1,97	100	1
Hitzefällung	800	6059	2136	2,84	99	1,4
Ni-Sepharose	60	5438	175	**31,1**	86	15,8

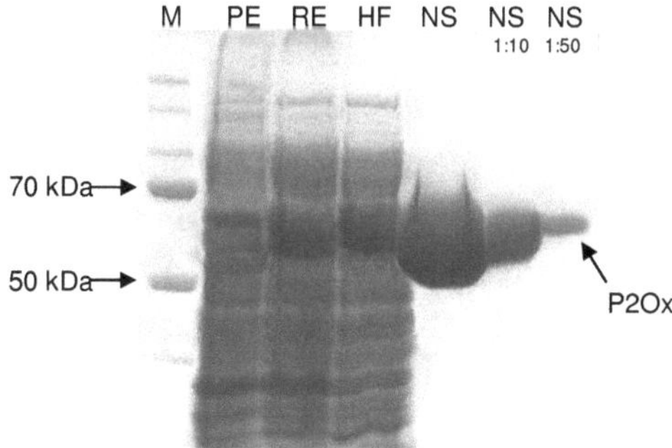

Abbildung 35: SDS-PAGE zur Darstellung verschiedener Aufreinigungsstufen von P2OxB2H1+Tf16. Es wurden denaturierte Proben von Pellet (PE, 23 µg), Rohextrakt (RE, 20 µg), Hitzefällung (HF, 20 µg) und Ni-Sepharose (NS, 1 - 30 µg) eingesetzt, als Marker (M, 10 µg) diente der Dual Color© Proteinmarker (BioRad). Die Färbung erfolgte mit Coomassie Brilliant Blue.

Die P2OxB2H1 konnte mit einer Ausbeute von 86% um das 15,8-fache auf eine spezifische Aktivität von 31,1 U/mg angereichert werden. Mit einer Gesamtaktivität im Rohextrakt von 6333 U konnte die bisher beste Ausbeute einer P2Ox-Produktion mit *E. coli* BL21(DE3) im Fermenter um das 12,7-fache gesteigert werden (Bastian 2005).

2.5 Biokonversion mit P2OxB2H1

Da die Variante P2OxB2H1 neben einer höheren Löslichkeit auch eine höheren Expressionslevel und verbesserte katalytische Effizienzen aufwies, wurde ihr Nutzen in der Verwertung verschiedener Substrate getestet. Das Produkt der Konversion der L-Sorbose, 5-Keto-D-fructose, wird zur chemischen Synthese von Azazuckern eingesetzt, welche unter anderem als Glycosidaseinhibitoren Anwendung finden (Baxter & Reitz 1992, Reitz & Baxter 1990). 6-Desoxy-D-glucose und ihr Produkt 6-Desoxy-D-glucoson stellen Intermediate bei der Synthese von D-Rhamnose aus D-Glucose dar. D-Rhamnose ist die Hauptkomponente immunogener Oligosaccharide zahlreicher pathogener Bakterien und stellt somit ein Target für die Entwicklung von Vakzinen dar (Ovod et al 1996, Webb et al 2004).

Biokonversion von L-Sorbose unter Sauerstoffbegasung

P2OxB2H1 mit Triggerfaktor wurde gemäß den Kapiteln II14.1.2, II15.1.1 und II16 exprimiert, aufgereinigt und durch Umpufferung in 100 mM KH_2PO_4 (pH 7) von Imidazol befreit (vgl. Kapitel II16.3). Die Konversionen wurden nach Kapitel II22 durchgeführt. Dabei wurden 600 mM L-Sorbose in einem Reaktionsvolumen von 500 ml 100 mM KH_2PO_4 mit 2 U/ml P2OxB2H bzw. P2OxB2H1 unter Sauerstoffbegasung umgesetzt. Der Verlauf des Umsatzes wurde anhand der Konzentration von Substrat und Produkt mittels HPLC verfolgt und ist zusammen mit der Sauerstoffkonzentration in Abbildung 36 dargestellt.

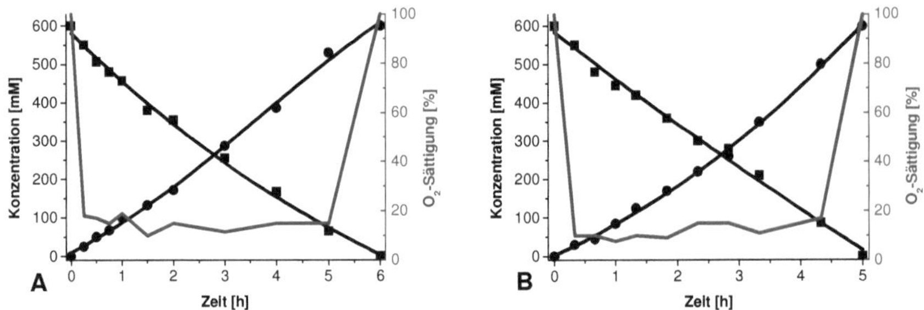

Abbildung 36: Biokonversion von 600 mM L-Sorbose (•) zu 5-Keto-D-fructose (▪) mit P2OxB2H (A) bzw. P2OxB2H1. Die Biokonversion fand unter Zufuhr von reinem Sauerstoff statt. Verlauf der O_2-Sättigung: blau. Es wurden jeweils 2 U Enzym pro ml Reaktionsvolumen eingesetzt.

Mit P2OxB2H war dieser Umsatz nach 6 h quantitativ abgeschlossen, mit P2OxB2H1 nach 5 h. Die Sauerstoffsättigung sank bei beiden Enzymen zu Beginn des Umsatzes bis auf 20% (A) bzw. 10% (B) ab und stieg gegen Ende der Reaktion wieder auf das Ausgangsniveau von 100%.

Biokonversion von L-Sorbose unter H_2O_2-Titration

Da Sauerstoff für die Reaktion der P2Ox limitierend ist und durch Begasung mit reinem Sauerstoff die Sättigung in der Reaktionslösung nicht auf einem ausreichend hohen Level gehalten werden kann, um die maximale Reaktionsgeschwindigkeit des Enzyms zu erreichen, wurden die weiteren Konversionen unter Titration mit Wasserstoffperoxid durchgeführt. Dieses wird von der im Ansatz enthaltenen Katalase zu Sauerstoff und Wasser umgesetzt und so die O_2-Sättigung bei durchschnittlich 100% gehalten. Dabei kommt es zu einer Volumenerhöhung, weshalb die Stoffmengen zur besseren Darstellbarkeit in Gramm umgerechnet wurden. Die Volumenzunahme entspricht der Menge zugegebenen 3,5%igen Wasserstoffperoxids. Die Reaktion wurde durch HPLC-Analyse verfolgt und ist in Abbildung 37 im Vergleich zu einer Reaktion unter Sauerstoffbegasung dargestellt.

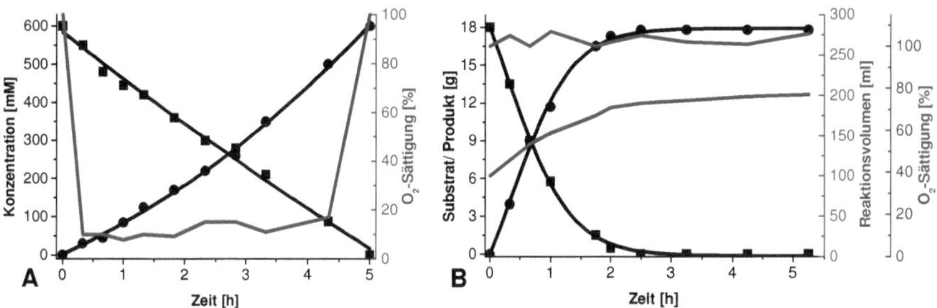

Abbildung 37: Biokonversion von 600 mM L-Sorbose(•) zu 5-Keto-D-fructose (▪) mit P2OxB2H1 unter O_2-Begasung (A) bzw. mit H_2O_2-Titration (B). Verfolgt wurden O_2-Sättigung (blau) und Volumenzunahme (nur B, violett). Es wurden 3,3 U (A) bzw. 1,8 U (B) Enzym pro mmol Substrat eingesetzt.

Unter Titration mit Wasserstoffperoxid und einer konstanten Sauerstoffsättigung war der Umsatz bereits nach der Hälfte der Zeit abgeschlossen, die unter Sauerstoffbegasung benötigt wurde. Da in diesem Umsatz nur die Hälfte an Enzym eingesetzt wurde, liegt die Umsatzrate damit etwa 4-fach höher als ohne Wasserstoffperoxid.

Zur Optimierung der anschließenden Produktreinigung wurde das Enzym im Folgenden in H_2O umgepuffert und im Verlauf der Konversion mit KOH titriert. Dadurch konnte im Anschluss nach Filtration zum Abtrennen der Enzyme die Produktreinigung in einem Schritt durch Gefriertrocknung stattfinden (vgl. Kapitel II16.3, II22.1; Daten nicht gezeigt).

Biokonversion von 6-Desoxy-D-glucose im Labormaßstab

P2OxB2H und P2OxB2H1 mit Triggerfaktor wurden gemäß den Kapiteln II14.1.2, II15.1.1 und II16 exprimiert, aufgereinigt und durch Umpufferung in 100 mM KH_2PO_4 von Imidazol befreit (vgl. Kapitel II16.3). Die Konversionen wurden nach Kapitel II22 durchgeführt. Es wurden 250 mM 6-Desoxy-D-glucose in einem Reaktionsvolumen von 10 ml 100 mM KH_2PO_4 mit 0,5 U/ml P2OxB2H bzw. P2OxB2H1 unter Sauerstoffbegasung umgesetzt. Die Reaktion wurde mit HPLC-Analytik verfolgt (vgl. Abbildung 38).

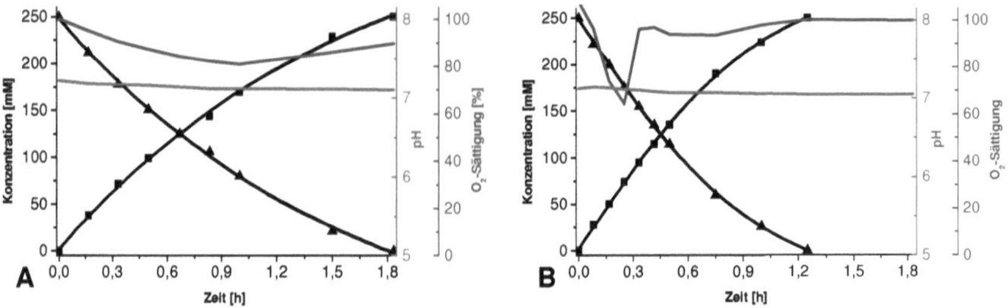

Abbildung 38: Biokonversion von 250 mM 6-Desoxy-D-glucose (•) zu 6-Desoxy-D-glucoson (▪) mit P2OxB2H (A) bzw. P2OxB2H1 (B). Die Biokonversion fand unter Zufuhr von reinem Sauerstoff statt. Verfolgt wurden O_2-Sättigung (blau) und pH (grün). Es wurden jeweils 0,5 U Enzym pro ml Reaktionsvolumen eingesetzt.

Die Konversion der 6-Desoxy-D-glucose verlief mit beiden Varianten quantitativ. Mit P2OxB2H war der Umsatz nach 1,8 h abgeschlossen, mit P2OxB2H1 nach 1,2 h und damit um 33% schneller. Daher wurde letztere Variante in einer größeren, präparativen Konversion eingesetzt.

Biokonversion von 6-Desoxy-D-glucose im präparativen Maßstab

Die P2OxB2H1 wurde zur Erleichterung der anschließenden Produktaufreinigung in H_2O umgepuffert (vgl. Kapitel II16.3). 0,5 U/ml der Variante wurden eingesetzt, um 250 mM 6-Desoxy-D-glucose in 100 ml Reaktionsvolumen unter Sauerstoffbegasung umzusetzen (vgl. Kapitel II22). Zum Erhalt des pH wurde mit 1 M $(NH_4)_2CO_2$ titriert. Substratabnahme und Produktbildung wurden mit HPLC verfolgt und sind in Abbildung 39 dargestellt.

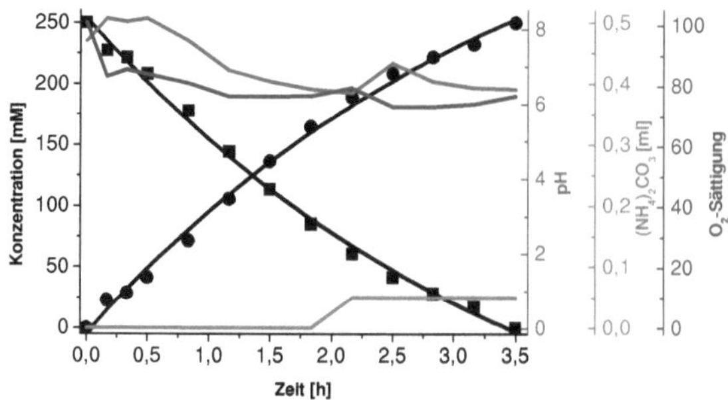

Abbildung 39: Biokonversion von 250 mM 6-Desoxy-D-glucose (•) zu 6-Desoxy-D-glucoson (■) mit P2OxB2H1. Die Biokonversion fand unter Zufuhr von reinem Sauerstoff statt. Verfolgt wurden O_2-Sättigung (blau), pH (grün) und $(NH_4)_2CO_2$-Zugabe (pink). Es wurden 0,5 U Enzym pro ml Reaktionsvolumen eingesetzt.

Die Konversion war nach 3,5 h quantitativ abgeschlossen. P2Ox und Katalase wurden durch Ultrafiltration (Amicon) aus der Reaktionslösung entfernt und diese nach einfrieren bei -70℃ durch Lyophilisation getrocknet (vgl. Kapitel II22.1). Die Ausbeute im Vergleich zur eingesetzten Substratmenge betrug 87,5%. Abbildung 40 zeigt das lyophilisierte Produkt 6-Desoxy-D-glucose.

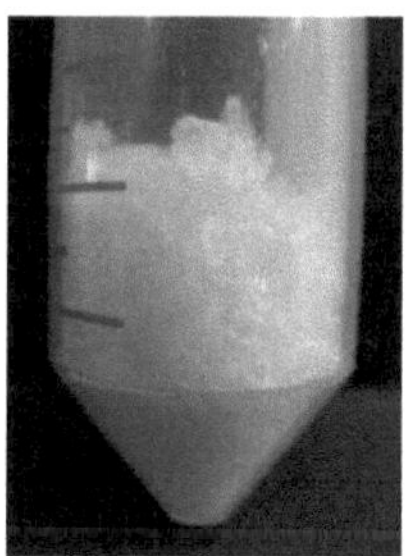

Abbildung 40: Lyophilisat von reinem 6-Desoxy-D-glucoson aus einer Konversion mit P2OxB2H1.

Produktanalytik

Das lyophilisierte 6-Desoxy-D-glucoson wurde zur Überprüfung seiner Reinheit verschiedenen Stufen der Analytik unterzogen. Es wurde gemäß Kapitel II22.2 eine vergleichende HPLC-Analyse von reinem Substrat, Produkt und einem 1:1-Gemisch durchgeführt, welche in Abbildung 41 dargestellt ist.

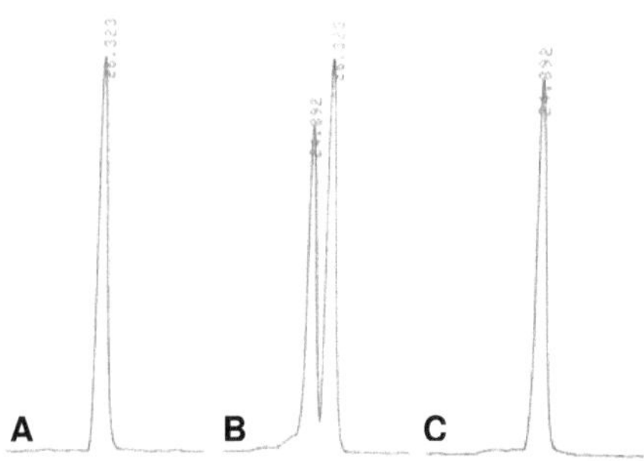

Abbildung 41: HPLC-Analyse von 25 mM 6-Desoxy-D-glucose (A), 6-Desoxy-D-glucoson (C) und einem 1:1-Gemisch (C). Flußrate: 0,25 ml/min. Säule: Rezex ROA-Organic Acid H^+. Fließmittel: H_2O_{milli}.

Sowohl Substrat als auch Produkt lagen chromatographisch rein vor und konnten getrennt dargestellt werden.

Zur Verifizierung der Produktreinheit und besseren Darstellung der Umsatzverlaufs wurde außerdem eine Dünnschichtchromatographie gemäß Kapitel II22.3 durchgeführt. Dazu wurden mit Kieselgel beschichtete Aluminiumplatten mit Substrat, Produkt und filtrierten Proben des Umsatzes zu verschiedenen Zeitpunkten beladen und in Phenol als Laufmittel getrennt. Die Detektion erfolgte durch Besprühen mit *p*-Anisaldehyd und Erhitzen (vgl. Abbildung 42).

Die Chromatographie zeigte sowohl die Reinheit des Substrates als auch des Produkts. Der Verlauf des Umsatzes erwies sich als quantitativ, es konnten keine Nebenprodukte detektiert werden.

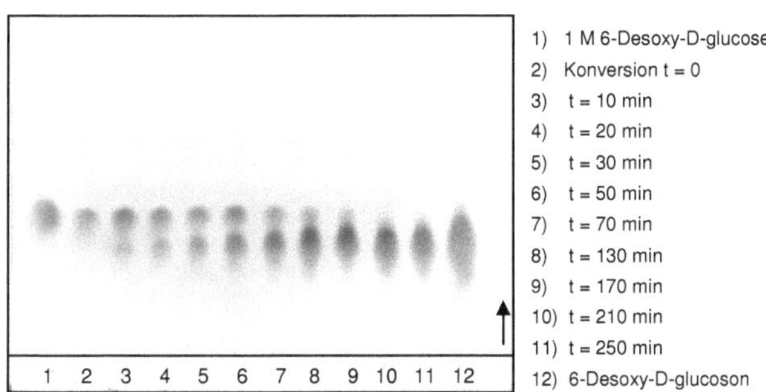

Abbildung 42: Dünnschichtchromatographische Auftrennung von 1 M 6-Desoxy-D-glucose (1), Umsatzverlauf (2-11) und lyophilisiertem 6-Desoxy-D-glucoson. Laufmittel: Phenol/Wasser 4:1. Detektion: *p*-Anisaldehyd/Methanol/Eisessig/H_2SO_4 + Hitze. Zeitpunkt der Probenahme: siehe Legende.

Um nachzuweisen, dass es sich bei dem Produkt tatsächlich um 6-Desoxy-D-glucose handelte, wurde das lyophilisierte Produkt einer NMR-Spektroskopie unterzogen (vgl. Kapitel II22.4). Die erhaltenen Spektren wurden mit Literaturwerten abgeglichen (Freimund & Kopper 2004) und sind in Abbildung 43 dargestellt.

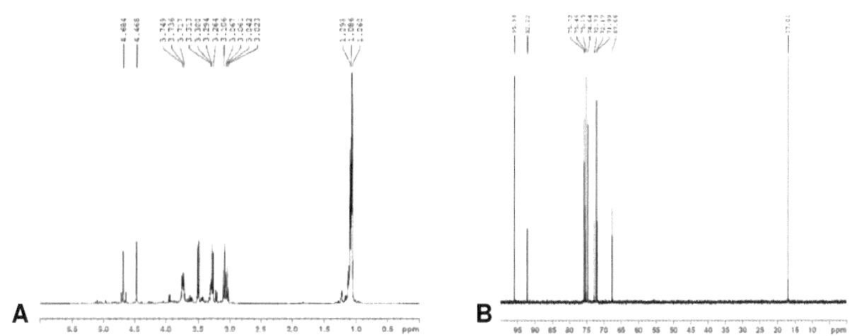

Abbildung 43: NMR-Spektroskopische Aufnahmen von lyophilisiertem 6-Desoxy-D-glucoson in D_2O. A: ^{1}H-NMR, B: ^{13}C-NMR.

Die Peaks der erhaltenen Spektren entsprachen den nach der Literatur zu erwartenden Isoformen des 6-Desoxy-D-glucosons, das Produkt wurde damit eindeutig identifiziert.

3 Stabilisierung der P2Ox gegen Oxidationsinaktivierung

Pyranose-2-Oxidasen benötigen zur Katalyse einen Elektronenakzeptor wie Sauerstoff, welcher als Übergang bei der Reduktion zu Wasserstoffperoxid Radikale bildet. Diese, sowie das entstehende H_2O_2, werden als Hauptgründe für die Inaktivierung der P2Ox im Laufe einer längeren Konversion angesehen (Tse & Gough 1987). Das Hinzufügen von Katalase zum Umsatz verhindert die Inaktivierung des Enzyms nicht vollständig, da die Oxidation hauptsächlich an Cysteinen und Methioninen im Inneren des Enzyms stattfindet (Chang et al 2000). Es wurde bereits in vorangegangenen Arbeiten versucht, die Stabilität der P2Ox durch Austausch des Cystein 170 im aktiven Zentrum durch Threonin, Serin und Alanin und verschiedener Methionine durch Leucin und Isoleucin zu verbessern. Die Austausche zeigten jedoch keinen Einfluss auf die Empfindlichkeit gegenüber Oxidation und waren zum Teil inaktiv (Bastian 2005, Dorscheid 2005). Im Rahmen dieser Arbeit sollten nun mit Hilfe der MALDI-TOF-Analyse Methionine ausfindig gemacht werden, deren Oxidation zur Inaktivierung der P2Ox führt, und diese im Anschluss durch Sättigungsmutagenese ausgetauscht werden. Ein Einsatz der so enstandenen Varianten in einer Konversion unter Sauerstoffbegasung über einen längeren Zeitraum sollte Aufschluss über einen Einfluss auf die Oxidationsinaktivierung geben.

3.1 Identifizierung oxidationsanfälliger Aminosäuren durch MALDI-TOF-Analyse

Um Methionine zu identifizieren, die im Laufe einer Konversion zu Oxidation neigen und so eine Inaktivierung der P2Ox verursachen, wurde ein Umsatz mit 50 mM D-Glucose gemäß Kapitel II22 durchgeführt. Im Anschluss wurden die Kohlenhydrate durch Filtration abgetrennt und das Enzym einem Peptidaseverdau mit Pepsin bzw. Trypsin unterzogen (vgl. Kapitel II23.1.1, II23.1.2). Eine Probe frisch aufgereinigtes Enzym wurde als Vergleich identisch behandelt. Die fragmentierten Proben wurden in eine Sinapinsäurematrix eingebettet und im Flugzeitanalysator nach ihren Massen getrennt (vgl. Kapitel II23.1.3). Die dabei erhaltenen Massenpeaks wurden mit Massenfingerprints verglichen, die durch *in silico*-Verdau erstellt wurden (MS Mascot, University of California). Die erhaltenen Spektren sind exemplarisch anhand der durch Pepsinverdau erhaltenen Fragmente von frischer P2OxB2H und P2OxB2H nach Konversion in Abbildung 44 dargestellt.

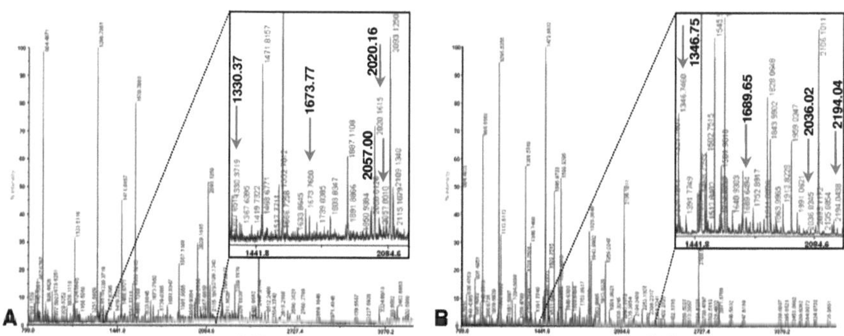

Abbildung 44: MALDI-TOF-Spektren von P2OxB2H vor (A) und nach (B) Konversion von 50 mM Glucose. Protease: Pepsin. Matrix: Sinapinsäure. Spektrometer: MALDI-TOF MS/MS 4800 (Applied Bioscience). Pfeil: Met164-Fragment

In den Spektren der P2OxB2H nach Konversion sind neben den P2Ox-Fragmenten auch Katalasefragmente vorhanden, da dieses Enzym nach Umsatzende nicht von der P2Ox zu trennen ist. Diese Fragmente lassen sich jedoch durch den Vergleich mit *in silico-* Verdauen voneinander unterscheiden.

Tabelle 52: Peakliste mit M164 nach Pepsinverdau aus in silico-Verdau und MALDI TOF-Analyse.

P2Ox-Peptidsequenz*	Fehl-spaltungen	*In silico* m/z	m/z aus Messung*	
			vor Umsatz	nach Umsatz
^{157}(A)VTRVVGG**M**STHW(T)^{168}	0	1330,5614	1330,37	1346,75
^{153}(L)SGQAVTRVVGG**M**STHW(T)^{168}	1	1673,9031	1673,77	1689,65
^{157}(A)VTRVVGG**M**STHWTCA(T)^{171}	1	1676,9694	---	---
^{153}(L)SGQAVTRVVGG**M**STHWTCA(T)^{171}	2	2020,3111	2020,16	2036,02
^{150}(L)RNLSGQAVTRVVGG**M**STHW(T)^{168}	2	2057,3567	2057,00	---
^{157}(A)VTRVVGG**M**STHWTCATPRF(E)^{175}	2	2178,5591	---	2194,04

*nach Pepsinverdau

Der Vergleich der erhaltenen Peaklisten aus Messung und *in silico*-Verdau wies drei Methionine auf, deren Oxidationsverhalten auf eine Inaktivierung im Laufe der

Konversion schließen ließ. Diese befanden sich an Position 74, 164 und 381. Austausche an den Positionen 74 und 381, die beide nicht in Nähe des aktiven Zentrums liegen, wurden bereits ohne Einfluss auf die Stabilität des Enzyms durchgeführt (Pabst 2007), daher wurde das an der FAD-Bindung beteiligte Methionin 164 zum Austausch durch Sättigungsmutagenese ausgewählt.

3.2 Sättigungsmutagenese von Methionin 164

Um Methionin164 durch alle anderen möglichen Aminosäuren gezielt zu ersetzen, wurde eine Sättigungsmutagenese durchgeführt. Dazu wurde eine KOD-QuikChange gemäß Kapitel II7.3 verwendet, zu der Primer eingesetzt wurden, die an Position des Methionin164 Codons für alle weiteren Aminosäuren trugen (vgl. Tabelle 3). Die Mutagenese wurde direkt im Expressionsvektor pP2OxB2H vorgenommen, Templateplasmide im Anschluss an die PCR mit *Dpn*I verdaut und die Produkte durch Elektroporation in kompetente *E. coli* BL21Gold(DE3) transformiert (vgl. Kapitel II12.1). Von den auf LB_{Kan}-Platten gewachsenen Kolonien wurde pro Mutageneseansatz eine selektiert, angezogen und nach Plasmidpräparation per Sequenzanalyse auf korrekte Mutation überprüft (vgl. Kapitel II6.1, II13). Mutierte Klone wurden zur Charakterisierung exprimiert und angereichert (vgl. Kapitel II14.1.1, II15.1.1 und II16) und einer Aktivitätsmessung und Proteinbestimmung unterzogen (vgl. Kapitel II19, II17).

Tabelle 53: Aminosäureaustausche an der Position M164. Dargestellt sind die aktiven Varianten und mutierten Sequenzabschnitte im Vergleich zum unmutierten Template P2OxB2H mit ihrer jeweiligen spezifischen Aktivität [U/mg] für D-Glucose in Prozent.

Variante	Austausch	Sequenz	Aktivität [%]
M164		$_{547}$-GGCGGC**ATG**TCTACG-$_{561}$	100
M164Q	Methionin → Glutamin	$_{547}$-GGCGGC**CAG**TCTACG-$_{561}$	88
M164A	Methionin → Alanin	$_{547}$-GGCGGC**GCG**TCTACG-$_{561}$	63
M164C	Methionin → Cystein	$_{547}$-GGCGGC**TGC**TCTACG-$_{561}$	50
M164S	Methionin → Serin	$_{547}$-GGCGGC**TCT**TCTACG-$_{561}$	38
M164G	Methionin → Glycin	$_{547}$-GGCGGC**GGC**TCTACG-$_{561}$	25
M164H	Methionin → Histidin	$_{547}$-GGCGGC**CAT**TCTACG-$_{561}$	13

Inaktiv: M164F, -T, -P, -D, -K, -W, -R, -N, -E, -V, -L, -I, -Y

3.3 Anreicherung und biochemische Charakterisierung von P2OxB2H-M164Q

Die Anreicherung der P2OxB2H-M164Q erfolgte gemäß den Kapiteln II14.1.1, II15.1.1 und II16. Nach dem Ultraschallaufschluss wurde der Zellextrakt einer 10-minütigen Hitzefällung bei 60℃ unterzogen. Nach Zentrifugation wurde der Überstand durch Affinitätschromatographie an Nickelsepharose aufgetrennt und die Variante mit Hilfe ihres HisTags isoliert. Die Anreicherung der P2OxB2H-M164Q ist in Tabelle 54 dargestellt. Sie konnte durch Hitzefällung und Affinitätschromatographie mit einer Ausbeute von 81% um das 20-fache angereichert und mit einer spezifischen Aktivität von 14,1 U/mg gelchromatographisch rein dargestellt werden (vgl Abbildung 45).

Tabelle 54: Reinigungstabelle der P2OxB2H-M164Q.

	Gesamtaktivität [U]	Gesamtprotein [mg]	Spez. Aktivität [U/mg]	Ausbeute [%]	Anreicherung [-fach]
Rohextrakt	107	153	0,7	100	1,0
Hitzefällung	90	113	0,8	84	1,1
Ni-Sepharose	87	6,2	**14,1**	81	20

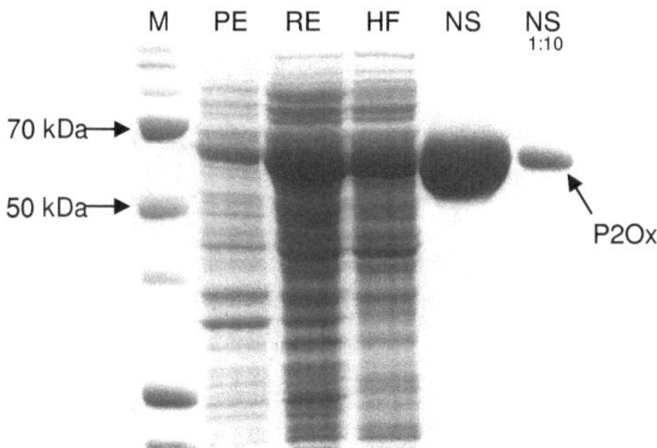

Abbildung 45: SDS-PAGE zur Darstellung verschiedener Aufreinigungsstufen von P2OxB2H-M164Q. Es wurden denaturierte Proben von Pellet (PE, 16 µg), Rohextrakt (RE, 20 µg), Hitzefällung (HF, 18 µg) und Ni-Sepharose (NS, 10 bzw. 1 µg) eingesetzt, als Marker (M, 10 µg) diente der Dual Color® Proteinmarker (BioRad). Die Färbung erfolgte mit Coomassie Brilliant Blue.

Temperaturstabilität der P2OxB2H-M164Q

Die Temperaturstabilität wurde gemäß Kapitel II21.4 im Bereich um die optimale Reaktionstemperatur bis zur Temperatur sofortiger Denaturierung bestimmt, die Ergebnisse sind in Abbildung 46 dargestellt.

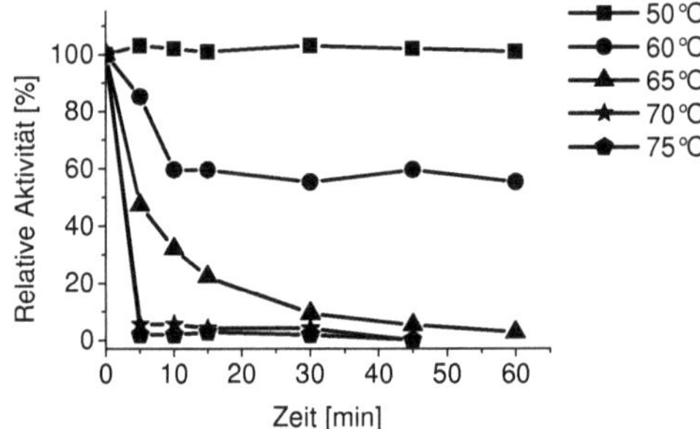

Abbildung 46: Temperaturstabilität der P2OxB2H-M164Q. Das Enzym (0,1 U) wurde bei den angegebenen Temperaturen 60 min inkubiert und mit dem Standardtest vermessen. Dargestellt sind die relativen Aktivitäten zu den Messzeitpunkten, wobei die jeweilige Aktivität vor Inkubationsstart gleich 100% gesetzt wurde.

Bei Inkubation bei 50°C blieb das Enzym über den gesamten Messzeitraum stabil. Bei 60°C kam es nach 10 min zu einem primären Aktivitätsverlust von 40%, bei 65°C sank die Aktivität kontinuierlich in 30 min bis auf 10%. Bei 70°C sank die Aktivität in 5 min unter 10%, Restaktivität war noch nach 30 min messbar. Bei 75°C war der Verlauf ähnlich, die Restaktivität lag hier bei unter 5%. Auch hier war die Variante erst nach 45 min vollständig denaturiert.

pH-Stabilität der P2OxB2H-M164Q

Die Ergebnisse der Bestimmung der pH-Stabilität der Variante sind in Abbildung 47 darstellt. Die Messungen erfolgten mit dem Standardtest gemäß Kapitel II21.5. Die Variante wies eine vollständige Stabilität nach 30-minütiger Inkubation im Bereich von pH 4 bis pH 11 auf, bis pH 2,5 bzw. pH 12,5 waren noch Restaktivitäten messbar.

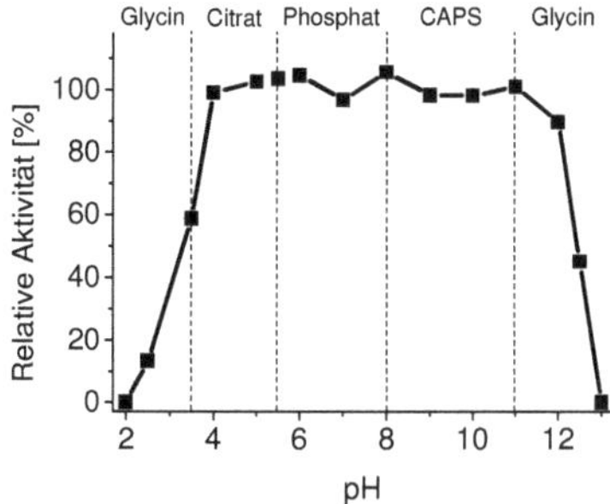

Abbildung 47: pH-Stabilität der P2OxB2H-M164Q. Das Enzym (0,2 U) wurde jeweils 30 min in den im Diagramm angegebenen Puffern (100 mM) von pH 2 bis pH 13,0 bei 30°C inkubiert. Es wurden die Ausgangsaktivität (100%) und die Restaktivität nach der Inkubation im jeweiligen Puffer mit dem Standardtest erfasst.

pH-Optimum der P2OxB2H-M164Q

Die Reaktionsgeschwindigkeit der P2OxB2H-M164Q in Abhängigkeit vom pH-Wert wurde im Bereich von pH 2,5 - 11 mit dem Standardtest bestimmt (vgl. Kapitel II21.6) und in Abbildung 48 dargestellt. Das pH-Optimum der P2OxB2H-M164Q lag bei pH 6 - 6,5 in Kaliumphosphatpuffer. In anderen Puffern und angrenzenden pH-Stufen zeigte die Variante deutlich weniger Aktivität, maximal 75% (CAPS, pH 8).

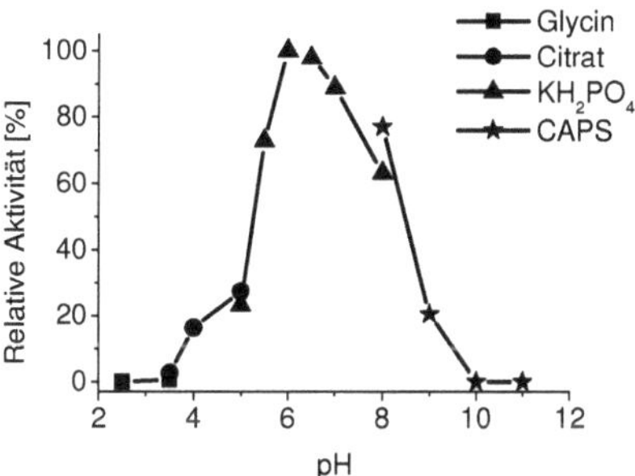

Abbildung 48: pH-Optimum der P2OxB2H-M164Q. Die Reaktionsansätze (0,1 U) enthielten 100 mM Puffer verschiedener pH-Werte im Bereich von pH 2,5 - 11 . Angegeben sind die relativen Aktivitäten bezogen auf den Ansatz mit der höchsten Aktivität (100%).

Substratspezifität der P2OxB2H-M164Q

Die Reaktionsgeschwindigkeiten der P2OxB2H-M164Q wurden analog zu Kapitel II19.2 ermittelt. Die spezifischen und relativen Aktivitäten der jeweiligen Substrate wurden auf den Umsatz des Hauptsubstrates D-Glucose bezogen und sind in Tabelle 55 dargestellt.

Tabelle 55: Substratspezifität der P2OxB2H-M164Q. Die Messung der Substratspezifität wurde mit Hilfe des Standardtests durchgeführt. Die Substrate lagen im Reaktionsansatz gesättigt vor, die Werte wurden durch Doppelbestimmung bestätigt.

	Spez. Aktivität [U/mg]		Rel. Aktivität [%]	
Substrat	P2OxB2H	**P2OxB2H-M164Q**	P2OxB2H	**P2OxB2H-M164Q**
D-Glucose	22,5	**14,1**	100	**100**
L-Sorbose	24,3	**14,9**	108	**106**
D-Xylose	22,0	**8,0**	98	**57**

Die P2OxB2H-M164Q wies eine um Faktor 1,6 geringere spezifische Aktivität für D-Glucose auf. Die relative Aktivität gegenüber L-Sorbose hatte sich im Vergleich zur P2OxB2H nicht verändert, für D-Xylose war sie um das 1,7-fache gesunken.

Die Abhängigkeit der Reaktionsgeschwindigkeit von der Substratkonzentration wurde mit dem Standardtest bestimmt (vgl. Kapitel II21.3). Die Ermittlung der K_m-Werte fand durch reziproke Auftragung der Messwerte nach Lineweaver-Burk statt (vgl. Abbildung 76), die daraus resultierenden kinetischen Daten sind in Tabelle 56 zusammengefasst. Die Standardabweichungen wurden jeweils durch Vierfachbestimmung bei zwei Enzymkonzentrationen ermittelt. Die Variante wies für D-Xylose einen 2,0-fach und für L-Sorbose einen um das 2,3-fache erhöhten K_m-Werte auf. Für D-Glucose war der K_m-Wert um das 3,1-fache verbessert, was in einer 1,8-fach verbesserten katalytischen Effizienz resultierte.

Tabelle 56: Kinetische Daten der P2OxB2H-M164Q. Dargestellt sind die K_m-Werte im Vergleich zum Parentalenzym P2OxB2H sowie die daraus resultierenden k_{cat}/K_m-Werte.

Substrat	K_m [mM]		k_{cat}/K_m [$s^{-1}M^{-1}$]	
	P2OxB2H	**P2OxB2H-M164Q**	P2OxB2H	**P2OxB2H-M164Q**
D-Glucose	0,4	**0,13 ± 0,01**	269100	**487354**
L-Sorbose	2,9	**5,7 ± 0,1**	34651	**11746**
D-Xylose	2,4	**5,6 ± 0,4**	45970	**6443**

3.4 Gestaffelte Biokonversion mit P2OxB2H-M164Q

Um die Auswirkungen der Substitution des Methionin164 auf die Enzymstabilität zu überprüfen, wurden Umsätze von 500 mM D-Glucose im 15 ml-Maßstab unter Sauerstoffbegasung gemäß Kapitel II22 durchgeführt. Dazu wurde 1 U/ml P2Ox eingesetzt. Nach Abschluss des Umsatzes wurde das Enzym in frischen Puffer umgepuffert und erneut 500 mM D-Glucose sowie frische Katalase zugegeben. Dieser Ablauf wurde drei- (P2OxB2H, P2OxB2H1) bzw. viermal (P2OxB2H-M164Q) wiederholt und durch Probennahme und HPLC-Analytik verfolgt. Sauerstoffsättigung und pH wurden ebenfalls kontrolliert (nicht gezeigt), die Inaktivierung der P2Ox mit dem *p*-Benzochinonassay bestätigt (vgl. Kapitel II19.3). Der Verlauf der Umsätze ist in Abbildung 49 dargestellt.

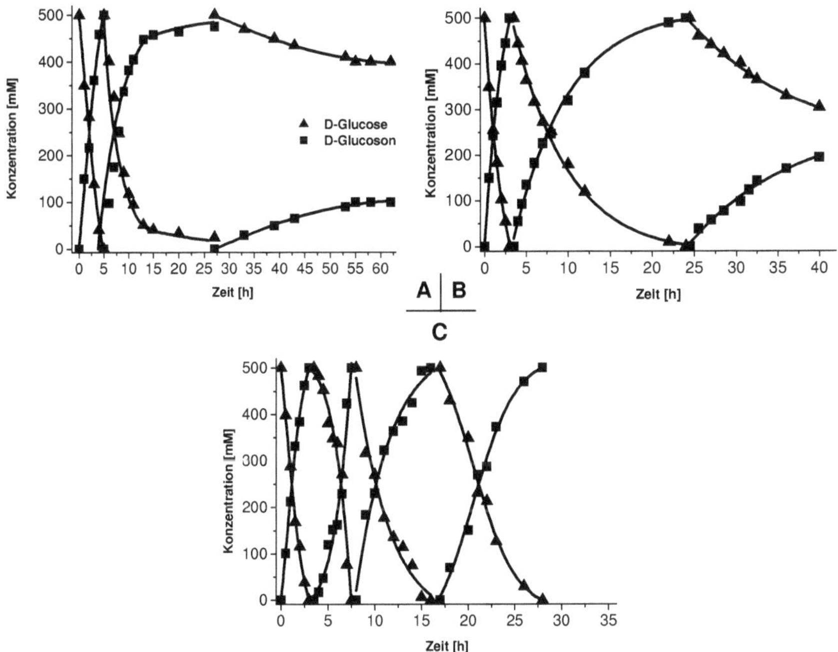

Abbildung 49: Biokonversion von D-Glucose (•) zu D-Glucoson (▪) mit P2OxB2H (A), P2OxB2H1 (B) und P2OxB2H-M164Q (C). Es wurden jeweils 1 U Enzym pro ml Reaktionsvolumen eingesetzt.

P2OxB2H schloss den ersten Umsatz in fünf Stunden ab, zeigte aber bereits im zweiten Durchgang eine verlangsamte Umsatzrate. Nach weiteren vier Stunden waren 50% des Substrates verbraucht, insgesamt wurden in 22 h nur 95% umgesetzt. Im dritten Durchgang wurden innerhalb von 35 h 20% der D-Glucose oxidiert, danach war keine P2Ox-Aktivität mehr messbar. P2OxB2H1 schloss den ersten Umsatz nach drei Stunden ab, auch der zweite verlief quantitativ, dauert allerdings etwa 24 h. Im dritten Durchgang wurden innerhalb von 20 h nur noch 40% des Substrates umgesetzt. Auch die Umsatzrate der P2OxM164Q ließ mit der Zeit nach, der erste Umsatz war nach drei Stunden abgeschlossen, der zweite nach vier und der dritte nach acht Stunden. Eine vierte Runde dauerte elf Stunden. Jeder der Umsätze mit dieser Variante verlief quantitativ. Damit wies die Variante trotz leichter Aktivitätsverluste eine deutlich höhere Stabilität innerhalb der Reaktion auf als das Parentalenzym P2OxB2H und die pH- und thermostabilere Variante P2OxB2H1.

IV Diskussion

Enzyme gewinnen als Katalysatoren in der organischen Synthesechemie eine immer größere Bedeutung, vor allem dort, wo Reaktionen mit hoher Selektivität und Ausbeute benötigt werden. Sie werden bereits heute in vielen Bereichen der organischen und pharmazeutischen Chemie zur Modifikation von chiralen und multifunktionellen Verbindungen eingesetzt (Breuer et al 2004, Jones 1986, Pollard & Woodley 2007, Whiteside & Wong 1985). Dabei stellen vor allem die Vielseitigkeit von Enzymreaktionen, die milden Reaktionsbedingungen und die hohe Chemo- und Regioselektivität und Enantiomerenreinheit attraktive Eigenschaften dar sowie die Tatsache, dass Enzyme scheinbar unaktive Positionen in organischen Verbindungen funktionalisieren können (Jones 1986, Schmid et al 2001, Turner 1989). Zum Einsatz in wirtschaftlichen, technischen Anwendungen müssen Enzyme jedoch neben einer Expression im großen Maßstab weitere wichtige Voraussetzungen erfüllen, an welche sie von Natur aus nicht oder nicht ausreichend angepasst sind. Dazu gehört eine hohe pH- und Thermostabilität sowie Toleranz gegenüber organischen Lösungsmitteln (Arnold & Moore 1997). Außerdem sind natürliche Regulationsmechanismen wie Produkthemmung und Oxidationsinaktivierung störend in Prozessen, da sie den Einsatz niedriger Substratkonzentrationen bzw. hoher Enzymmengen erfordern (Kuchner & Arnold 1997, Kulbe 1988, Whiteside & Wong 1985). Auch ein breites Substratspektrum sowie Flexibilität gegenüber den eingesetzten Cofaktoren wird gefordert (Kuchner & Arnold 1997, Kulbe 1988, Whiteside & Wong 1985). Daher werden Enzyme mit Mitteln der gerichteten Evolution und des rationalen Designs an diese Belange angepasst.

1 Gerichtetes und rationales Design zur Substratoptimierung

1.1 Gerichtete Evolution

Durch gerichtete Evolution ist es möglich, ohne Detailwissen über die Enzymstruktur durch Einführen zufälliger Mutationen die Eigenschaften eines Enzyms zu modifizieren. Die dabei entstehenden Aminosäuresubstitutionen werden durch anschließende Selektion oder ein Screeningsystem auf den gewünschten Effekt untersucht und isoliert (Zhao et al 1996). So wurde bereits die katalytische Aktivität von Enzymen optimiert (Chica et al 2005, Graham et al 1993), sowie die Enzymaktivität in organischen Lösemitteln (Chen et al 2001) und im basischen Millieu (Cunningham & Wells 1987), die Thermostabilität (Joyet et al 1992, Masuda-Nishimura et al 1999), Expressionsrate (Baik et al 2003) und Substratspektrum (Deacon et al 2004, Oliphant & Struhl 1989). Eine verbreitete Methode der gerichteten Evolution ist, neben dem Einsatz von Mutatorstämmen (Carr et al 2003), die *error prone*-PCR, durch die unter anderem thermostabilisierende Austausche in der Fructosyl-Aminosäure-Oxidase (Sakaue & Kajiyama 2003) und einer Lactat-Oxidase (Minagawa et al 2003) gefunden wurden. Sie stellt auch ein nützliches Werkzeug zur Erweiterung des Substratspektrums dar, was bereits unter anderem bei der D-Aminosäure-Oxidase aus *Rhodotorula gracilis* (Sacchi et al 2004) und der Galactose-Oxidase aus *Hypomyces rosellus* (Delagrave et al 2001) erreicht wurde. In vorangegangenen Arbeiten war es bereits gelungen, durch *error prone*-PCR die thermostabile Variante der Pyranose-2-Oxidase aus *Peniophora gigantea*, P2OxB1H, hinsichtlich ihrer katalytischen Effizienz vor allem gegenüber L-Sorbose zu verbessern (Bastian et al 2005). Die daraus hervorgegangene Variante P2OxB2H mit dem Austausch K312E wurde, ebenfalls durch *error prone*-PCR, für das C3-Substrat 2-Desoxy-D-glucose verbessert und die entstandene Variante mit dem Austausch N71Y mit P2OxB3H bezeichnet (Dorscheid 2005). In einer neuen Runde gerichteter Evolution mit P2OxB2H als Template entstanden aus 4320 gescreenten Klonen zwei Varianten mit 1,9- (P2Oxep2VIA4) bzw. 1,4-fach (P2Oxep2VIB2) erhöhter katalytischer Effizienz gegenüber 2-Desoxy-D-glucose. Im Vergleich zum bisher für diese Substrate besten Enzym P2OxB3H stellten diese beiden neuen Varianten jedoch keine Verbesserung dar, womit die Grenze der durch *error prone*-PCR erreichbaren Verbesserung erreicht schien. Obwohl die *error prone*-PCR eine bessere Methode als z.B. eine chemische Mutagenese darstellt, besitzt sie eine starke Neigung zu Transitionen von A nach G bzw. T nach C, die 63% aller Mutationen darstellen (Wong et al 2006b). Damit ist der Austausch, der sich noch dazu häufig auf bestimmte *mutational hot spots* im Gen beschränkt, für bestimmte, vor allem chemisch ähnliche, Aminosäuren wahrscheinlicher als für andere (Wong et al 2006b). Da die Kristallstruktur der P2Ox aufgeklärt ist (Bannwarth et al 2004), kann als Alternative auch auf rationales Design zurückgegriffen werden, welches mit Sättigungsmutagenese kombiniert eine Mischform aus orts- und zufallsgerichter Mutagenese darstellt (Reetz et al 2006a). Dabei werden, bei Variation des

Substratspezifität im aktiven Zentrum des Zielenzyms, bestimmte Aminosäuren, die z.B. an der Substratbindung beteiligt sind, nach dem Schema einer QuikChange-PCR zufällig ausgetauscht (Reetz et al 2006b). Diese Methode, bei der viel kleinere Bibliotheken entstehen wie bei einer reinen Zufallsmutagenese, wird als CASTing bezeichnet. Dabei entstehende Varianten werden entweder kombiniert oder in weitere Runden eingesetzt. Kujawa und Mitarbeiter haben durch Substrat-Cokristallisation im Zentrum der P2Ox Aminosäuren identifiziert, die an der Substratbindung beteiligt sind und solche, die hinderlich für die Bindung eines C3-Substrates sind (Kujawa et al 2006). Aus den erhaltenen 5760 Klonen gingen fünf verbesserte Varianten hervor, eine an Position A590 (P) und vier an Position S456 (G, C, H, N), die alle verbesserte Umsatzraten für 2-Desoxy-D-glucose im Vergleich zu P2OxB2H und P2OxB3H aufwiesen (vgl. Abbildung 50). S456 ist essentieller Bestandteil eines Loops, der durch Öffnen und Schließen das Andocken des Substrats beeinflusst (Todone et al 1997). Die Struktur dieses flexiblen Loops wird als Hauptursache für die unterschiedliche Umsetzung von C2- und C3-Substraten angesehen, wobei sowohl die Bildung einer offenen Konformation zur Substratbindung wie auch die einer geschlossenen Konformation zur Bindung des Elektronenakzeptors nötig ist (Hallberg et al 2004, Kujawa et al 2006). Die Aminosäuren dieses Loops sind an die Verwertung von D-Glucose angepasst und können C3-Substrate, die eine Drehung um zwei Achsen vollziehen müssen, damit eine Katalyse möglich wird, schlecht umschließen. Der Austausch des Serin 456 scheint diesen Vorgang zu erleichten. Solche Effekte wurden auch bei der Mutagenese des Substratloops der D-Aminosäure-Oxidase beobachtet, der eine ähnliche Aufgabe besitzt wie der Loop der P2Ox. Auch hier führten Austausche im Loop durch Änderung der Passform zu einem Shift des Substratspektrums (Setoyama et al 2006). Dabei ist schwer zu begründen, dass die zufällig eingesetzten Aminosäuren von Glycin bis Histidin unterschiedlichste Größen und chemische Eigenschaften haben. Der Austausch gegen Cystein besitzt die beste spezifische Aktivität und stellt die kleinste Veränderung dar, die höchste C3-Affinität besitzt dagegen die Variante mit Asparagin, welches eine eher große Seitenkette trägt. Der Austausch gegen Histidin zeigte die geringsten Verbesserungen der katalytischen Effizienz für 2-Desoxy-D-glucose. Trotz der hier vermutlich positiv wirkenden, großen Seitenkette stellt Histidin aufgrund seiner Eigenarten grundsätzlich eine schlechte Aminosäure zum Austausch dar (Betts & Russell 2003). A590 ist direkter Nachbar des an der Substratbindung beteiligten N591 (vgl. Abbildung 51).

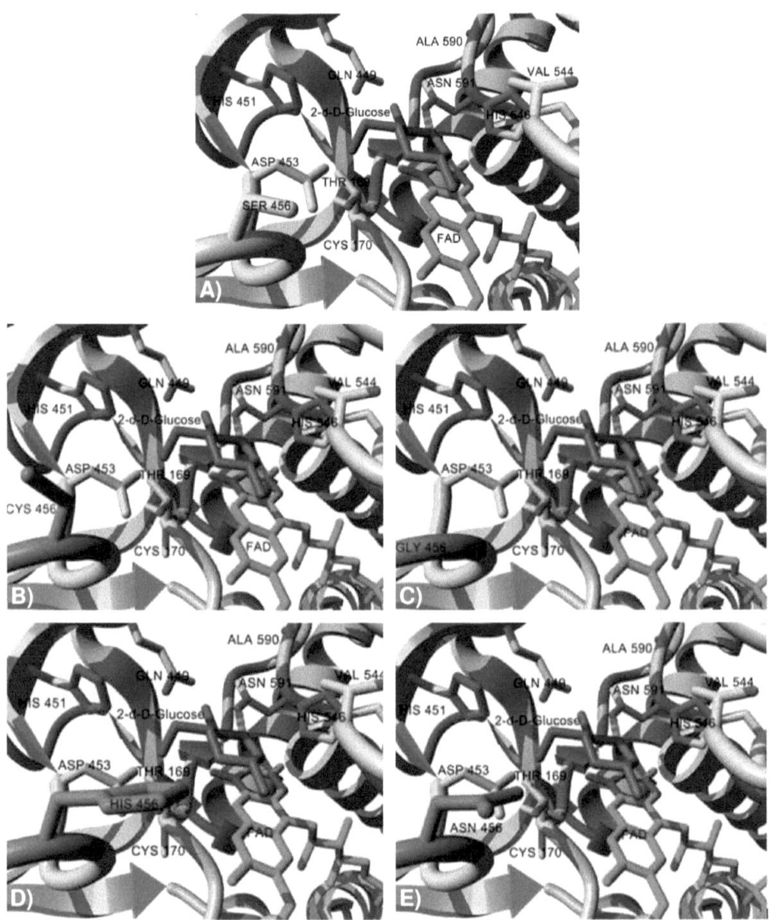

Abbildung 50: Ausschnitt aus dem aktiven Zentrum der P2Ox. (A) P2OxB2H, (B) P2OxB2H-S456C, (C) P2OxB2H-S456G, (D) P2OxB2H-S456H und (E) P2OxB2H-S456N. Das Modell wurde anhand der Strukturdaten (Bannwarth et al 2004) mit YASARA Model erstellt.

Der Austausch durch das wesentlich größere Prolin könnte hier sterische Auswirkungen haben, die diese Bindung im Falle eines C3-Substrats unterstützen. Die Eigenschaft von Prolin, durch seine doppelte Verbindung mit dem Proteinrückgrat einen Knick in die Sekundärstruktur einzubauen, könnte zusätzlich zu einer positiven Neuorientierung der benachbarten Aminosäuren geführt haben (Betts & Russell 2003).

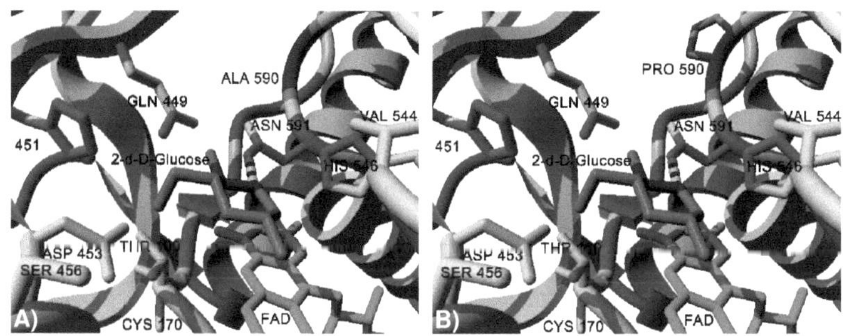

Abbildung 51: Ausschnitt aus dem aktiven Zentrum der P2Ox. (A) P2OxB2H, (B) P2OxB2H-A590P. Das Modell wurde anhand der Strukturdaten (Bannwarth et al 2004) mit YASARA Model erstellt.

Die Kombination der Mutationen untereinander und mit der P2OxB3H-Mutation N71Y (Dorscheid 2005) führte zur bislang besten C3-Variante P2OxB2H-S456N-N71Y mit einer 30,3-fach erhöhten katalytischen Effizienz für 2-Desoxy-D-glucose. Das Einführen des Austauschs N71Y resultiert in einer Stabilisierung der Termini des Enzyms, was gleichzeitig zu einer höheren pH- und Thermostabilität führt (Dorscheid 2005). Die höhere Affinität zu C3-Substraten, wie sie auch schon in P2OxB3H beobachtet wurde, ist für diesen Austausch schwer zu begründen, da er in der Enzymperipherie liegt. Solche Veränderungen, die sich durch geringfügige Strukturveränderungen bis ins aktive Zentrum fortpflanzen, wurden bereits häufig beschrieben und werden als *relais effects* bezeichnet (Oue et al 1999, Raman et al 2004, Wongtrakul et al 2003).

P2OxB2H-S456N-N71Y schloss einen Umsatz von 100 mM 2-Desoxy-D-glucose nach 4 h quantitativ ab, das Parentalenzym P2OxB2H kam dagegen selbst nach 20 h nur auf 70%. Somit konnte aus einer Kombination von gerichteter Evolution (N71Y) und halbrationalem Design (S456N) eine Variante entwickelt werden, die erstmals ein C3-Substrat quantitativ innerhalb kurzer Zeit umsetzt und damit geeignet ist, im größeren Maßstab zur Synthese von 3-Keto-2-desoxy-D-glucose eingesetzt zu werden.

1.2 Rationales Design im aktiven Zentrum

Um die Möglichkeiten des rationalen Proteindesigns auszuschöpfen, ist die Kenntnis über Struktur/Funktions-Beziehungen des Zielenzyms Voraussetzung. Umgekehrt ist der gezielte Austausch auch ein wichtiges Werkzeug der Grundlagenforschung, um die funktionelle und strukturelle Rolle einzelner Aminosäuren zu erforschen (Spadiut et al 2009a, Wei et al 2004). Häufig wird rationales Design an Positionen duchgeführt, die zuvor durch Zufallsmutagenese entdeckt wurden (Bornscheuer & Pohl 2001, Chica et al 2005) und häufig auch außerhalb des aktiven Zentrums oder sogar in der Enzymperipherie liegen (Oue et al 1999, Sacchi et al 2004). So wurde durch Austausche am Interface zwischen Enzymuntereinheiten die pH- und Thermostabilität von ß-Lactamase (Hecky & Muller 2005), Glucose-6-Phosphat-Dehydrogenase (Scopes et al 1998) und Pyranose-2-Oxidase (Bastian et al 2005, Masuda-Nishimura et al 1999) erheblich verbessert. Durch gezielten Austausch von Aminosäuren im aktiven Zentrum können durch Anpassung der Enzym/Substrat-Interaktion die Aktivität und Substratspezifität verändert werden (Karimaki et al 2004, Purvanov & Fetzner 2005). So wurde im aktiven Zentrum der P2Ox aus *Trametes multicolor* das Threonin 169 ausgetauscht, was die Substratspezifität des Enzyms nach D-Galactose verschob (Spadiut et al 2007a). In diesem Fall ging die Verbesserung für dieses Substrat mit einer deutlichen Verschlechterung der spezifischen Aktivität einher, was zeigt, wie schwer die Effekte eines rationalen Austauschs vorherzusagen sind. Dennoch stellt diese Position einen interessanten Ansatzpunkt dar, da das Threonin 169 auch in der P2Ox aus *P. gigantea* durch seine Seitengruppe sterisch die Bindung von D-Galactose im auf D-Glucose zugeschnittenen aktiven Zentrum behindert (Bannwarth et al 2006, Hallberg et al 2002, Kujawa et al 2006). Daher wurde diese Aminosäure in P2OxB2H durch die strukturell ähnliche Aminosäure Serin und die kleineren Reste Alanin und Glycin ausgetauscht. Wie in Abbildung 52 dargestellt, entsteht durch den Austausch mit Alanin und, im noch größeren Maße, mit Glycin zusätzlicher Raum im aktiven Zentrum, der die Orientierung von D-Galactose erleichtert. Der Austausch durch Alanin führte hierbei zu einer für sowohl D-Glucose als auch D-Galactose wie auch für sonstige Substrate nahezu inaktiven Variante mit einer spezifischen Aktivität von 0,17 U/mg, was möglicherweise darauf zurück zu führen ist, dass ihre Seitenkette eine Zwischenstufe darstellt, die sowohl die Bindung von D-Glucose als auch von D-Galactose behindert (Spadiut et al 2007c). Bessere Aktivitäten zeigte der Austausch gegen Serin, durch den die meisten Eigenschaften des Threonin, wie die Hydroxylfunktionalität der Seitenkette, erhalten und gleichzeitig mehr Raum für die C6-Hydroxylgruppe der D-Galactose geschaffen wurde. Zwar besaß auch diese Variante mit 3,8 U/mg eine niedrige spezifische Aktivität, durch eine deutlich verbesserte Affinität zu D-Galactose, ausgedrückt durch einen erniedrigten K_m-Wert, war allerdings die katalytische Effizienz für dieses Substrat gegenüber dem Template P2OxB2H um das 4-fache verbessert. Die höchste katalytische Effizienz, eine 4,9-fache Steigerung, wies der Austausch gegen Glycin auf, was wohl auf die fehlende Seitenkette zurück zu führen ist, die den größtmöglichen Platz zur Orientierung der D-Galactose schafft. Diese Variante wies auch mit 5,7 U/mg die höchste spezifische Aktivität aller Austausche auf.

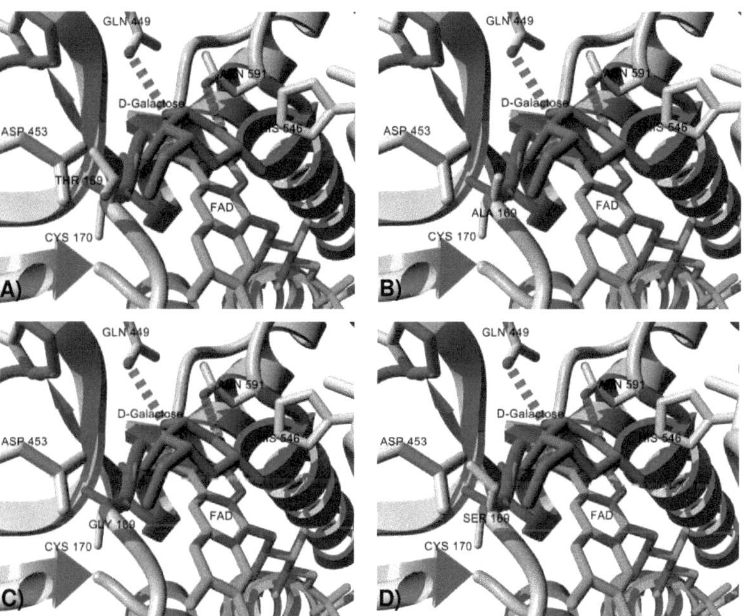

Abbildung 52: Ausschnitt aus dem aktiven Zentrum der P2Ox. (A) P2OxB2H, (B) P2OxB2H-T169A, (C) P2OxB2H-T169G und (D) P2OxB2H-T169S. Gelb: Wasserstoff-brücken. Das Modell wurde anhand der Strukturdaten (Bannwarth et al 2004) mit YASARA Model erstellt.

Neben D-Galactose wurde auch die strukturverwandte L-Arabinose von beiden Varianten schneller oxidiert, die Verbesserung der katalytischen Effizienz lag hier bei Faktor 7,4 (T169S) bzw. 62 (T169G). Diese Steigerung könnte darauf zurück zu führen sein, dass L-Arabinose ähnliche strukturelle Anforderungen an das aktive Zentrum stellt wie Galactose. L-Arabinose besitzt wie D-Galactose eine axiale Hydroxylgruppe an C4, welche im Gegensatz zum äquatorialen Äquivalent in D-Glucose im aktiven Zentrum der Wildtyp-P2Ox sterisch behindert wird (vgl. Abbildung 52). Das Fehlen von C6 und einer zugehörigen Hydroxylgruppe könnte die Ursache dafür sein, dass dieses Substrat dennoch schlechter als D-Galactose verwertet wird, da diese Strukturbestandteile wichtig zur korrekten Orientierung des Substrates sind und das aktive Zentrum der P2Ox auf Substrate mit C6-Hydroxylgruppe, wie die D-Glucose, angepasst ist (Hallberg et al 2004).

2 Optimierung der Expression

Zum Einsatz in biotechnologischen Prozessen sind große Enzymmengen notwendig, die schnell und einfach exprimiert und aufgereinigt werden können. Dazu werden Enzyme meist unter Verwendung von *multi-copy* Plasmiden in schnell wachsende Organismen kloniert (Primrose 1990). Auch mit klassischen Methoden wie der Optimierung von Kulturmedien und Fermentationsbedingungen von nativem oder rekombinantem Stamm kann eine Steigerung der Expression erreicht werden, wie dies unter anderem für Glucose-Oxidase aus *Penicillium pinophilum* durchgeführt wurde (Rando et al 1997). Die Ausbeute besonders eukaryotischer Enzyme, die rekombinant in Bakterien exprimiert werden, wird häufig durch die Bildung unlöslicher Aggregate (*inclusion bodies*) limitiert. Eukaryotische Proteine besitzen oft ein hohes Molekulargewicht, außerdem besitzen die einzelnen Untereinheiten von polymeren Enzymen stark hydrophobe Hüllbereiche, welche die Intermediate anfällig für Aggregationen machen. Dies wird durch hohe Kultivierungstemperaturen noch verstärkt (Chalmers et al 1990). Zur Isolierung und Rückfaltung von Proteinen sind diverse Methoden beschrieben (Ho & Middelberg 2004, Tsumoto et al 2003, Tsumoto et al 2004, Tsybovsky et al 2004), die bei der P2Ox bislang ohne Erfolg waren (Soto Suárez 2003). Neben einer Erniedrigung der Temperatur und der Induktionsbedingungen (Kotik et al 2004, Schein & Noteborn 1988) stellt daher die Verbesserung der Löslichkeit eines Proteins durch Austausch hydrophober Gruppen in der Enzymhülle eine wichtige Methode zur Verringerung der *inclusion body*-Bildung dar (Hoffmann et al 2004, Samuelsson et al 1994). Ein besonders anfälliger Bereich der P2Ox ist die exponierte Kopfstruktur, wie in einem DNA-*shuffling* von

P2Ox-Genen aus *Trametes pubescens* und *T. ochracea* festgestellt wurde (Maresova et al 2007). Die P2Ox aus *P. gigantea* besitzt in dieser Region ebenfalls mehrere stark hydrophobe, exponierte Aminosäuren, die nun gegen hydrophilere ausgetauscht wurden. Dabei wurden solche bevorzugt, die in homologen Pyranose-2-Oxidasen anderer Organismen vorkommen, um möglichst negative Einflüsse auf Struktur und Aktivität einzuschränken. Durch stille Mutationen wurde die *Codon usage* und somit die korrekte Faltung von Galactose-Oxidasen verbessert und die Expression in *E. coli* erhöht (Sun et al 2001), daher wurden bei Mutagenese der Kopfstruktur ebenfalls stille Punktmutationen mit diesem Ziel eingefügt. Die so entstandene Variante wurde als P2OxB2H1 bezeichnet.

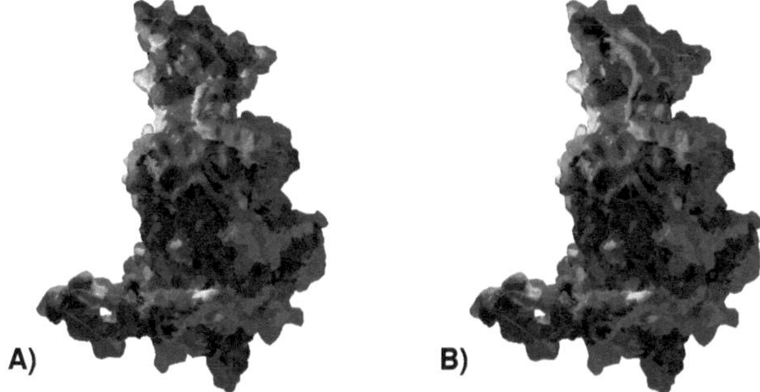

Abbildung 53: Hydropathizität der Enzymhülle einer P2Ox-Untereinheit. (A) P2OxB2H, (B) P2OxB2H1. Rot: hydrophobe Regionen, grün: hydrophile Regionen, weiß: neutral. Das Modell wurde anhand der Strukturdaten (Bannwarth et al 2004) mit YASARA Model erstellt.

Wie Abbildung 53 zu entnehmen ist, besaß die P2OxB2H1 eine deutlich hydrophilere (grün dargestellt) Kopfregion als die Ursprungsvariante. Dies schlug sich auch in einer um 38% verringerten *inclusion body*-Bildung nieder. Ein Austausch von acht weiteren hydrophoben, exponierten Regionen des Enzyms hatte nur geringen Einfluss auf Expression und Löslichkeit.

Die P2OxB2H1 zeigte außerdem mit 30,2 U/mg eine gute spezifische Aktivität und eine erhöhte Expressionsrate. Um diese noch weiter zu verbessern, wurde das Enzym mit Chaperonen coexprimiert, denn die Überbeanspruchung des zellulären Schutzystems der Chaperone durch rekombinante Überexpression gilt als weiterer wichtiger Faktor bei der Bildung von *inclusion bodies* (Lorimer 1996, Schlieker et al 2002). Der Einsatz von Chaperonen während oder nach der Reinigung von falsch gefalteten Proteinen (Mogk et al 2007) schied dabei aus, da es bisher nicht gelungen ist, die denaturierte P2Ox rückzufalten (Soto Suárez 2003). Bei der Coexpression werden die Chaperongene zusammen mit dem Zielprotein in die Zelle gebracht und optimieren die initiale Faltung des Zielproteins durch Erhöhung der intrazelluären Chaperonkonzentration um das bis zu zehnfache (Nishihara et al 1998). Dabei wird empirisch ermittelt, welches Chaperon die höchste Wirkung erzielt. Bei P2Ox ist dies der Triggerfaktor aus *E. coli* (Pitz 2007), der die Faltung der naszierenden Polypeptidkette am Ribosom unterstützt und damit co-translational wirkt (Agashe & Hartl 2000). In Kombination mit P2OxB2H1 wurde der Anteil an *inclusion bodys* um weitere 65% auf 7,5% gesenkt. Damit war auch eine Erhöhung der Kultivierungstemperatur auf 28°C möglich, die mit einer Expressionssteigerung einherging. Bei 28°C betrug der Anteil an *inclusion bodys* 10%, die P2OxB2H liegt bei dieser Temperatur zu 53% als unlösliche Aggregate vor.

Neben einer Verbesserung der Enzymausbeute pro Zelle ist es auch möglich, durch Variation der Anzuchtbedingungen die Zelldichte und damit korrelierend die Menge an rekombinantem, nicht-sezerniertem Protein zu erhöhen. Eine Standardtechnik für *E. coli* stellt hierbei die Hochzelldichte-*fed batch*-Fermentation dar (Kleman & Strohl 1994, Lee 1996). Bei Anzucht von *E. coli* zu hoher optischer Dichte ist vor allem die Anhäufung von Actetat, welches in protonierter Form die Cytoplasmamembran überwinden und das Protonendiffusionspotential der Zelle herabsetzen kann. Dadurch wird die ATP-Bildung der Zelle behindert, was zu einer reduzierten Wachstumsrate und damit einer geringeren maximal erreichbaren Zelldichte führt (el Mansi & Holms 1989, Luli & Strohl 1990). Acetat entsteht, wenn der Kohlenstofffluss im zentralen metabolischen Stoffwechselweg die Kapazität der Energiebildung der Zelle, die Sättigung des Tricarbonsäurezyklus oder die Kapazität der Elektronentransportkette übersteigt, was unter anderem bei überschüssiger Glucose im Medium vorkommt (el Mansi & Holms 1989, Holms 1986, Kleman & Strohl 1994). Durch geringe Glucosemengen und kontinuierliches *feeding*, welches sich am pH der Kultur orientiert, kann dieser Effekt vermieden und so höhere Zelldichten erreicht werden (Korz et al 1995, Lee 1996, Yazdani et al 2004). Zudem wurde im vorliegenden Experiment ein definiertes Basismedium verwendet, um die Nährstoffkonzentration kontrollierbar zu machen und eine Reproduzierbarkeit zu gewährleisten (Riesenberg et al 1990, Yang et al 1992). Als einzige Stickstoffquelle und gleichzeitig der Titration diente eine 25%ige Ammoniaklösung. Als Stamm wurde

E. coli BL21(DE3) verwendet, da das Verfahren für diesen bereits erprobt war (Pitz 2007), welcher mit pP2OxB2H1 und pTf16 transformiert wurde. Durch den coexprimierten Triggerfaktor war es möglich, die Fermentation nach der Induktion bei 28℃ statt 20℃ durchzuführen. Bei der Fermentation wurde 17 h nach Induktion eine maximale OD_{600} von 162 erreicht und ein Feuchtgewicht von 317 g Zellen/L erhalten, in welchen 6333 U/L P2Ox im Rohextrakt enthalten war. Die nach Nickelsepharose rein und mit bis zu 90%iger Ausbeute erhaltene P2OxB2H1 wies identische Eigenschaften zur Aufreinigung in Erlenmeyerkolben auf.
In der Vergangenheit konnten aus Fermentationen von *E. coli* 500 U/L P2Ox bei einer maximalen OD_{600} = 5,3 bzw. von *Pichia pastoris* 1200 U/L bei OD_{600} = 450 erhalten werden (Bastian 2005). Somit konnte die Expression in *E. coli* durch Hochzelldichtefermentation reproduzierbar um das 12,7-fache gesteigert werden und stellt damit die bislang effektivste Methode dar, große Mengen an P2Ox zum Einsatz in Biokonversionen größeren Maßstabs herzustellen.

3 Stabilisierung der P2Ox gegen Sauerstoffinaktivierung

Es ist bekannt, dass die Oxidation von Methioninen und in vereinzelten Fällen auch Cysteinen eine Hauptursache der Reaktionsinaktivierung von Enzymen darstellt (DalleDonne et al 1999, Dean et al 1997). Austausche einzelner, oxidationsanfälliger Aminosäuren wie Methionin und Cystein haben bereits in einigen Fällen zu chemisch oxidationsresistenten Enzymen geführt (Chi et al 2004, Ju et al 2000, Kim et al 2001, Wang et al 2001), wobei hier wie bei allen Austauschen zu beachten ist, welche natürliche Rolle diesen Aminosäuren zukommt und in wieweit der Austausch die restlichen Enzymeigenschaften beeinflusst. Meist basieren diese Versuche auf einem Austausch aller Methionine durch Leucin oder Isoleucin (Chi et al 2004, Gustavsson et al 2001, Lin et al 2003), ohne dass das verantwortliche Methionin identifiziert wurde.
Mit Hilfe von Peptidaseverdau und MALDI-TOF Analyse kann durch die zusätzliche Masse des Sauerstoffs von 16 Da zwischen oxidierten und nichtoxidierten Methioninen unterschieden werden. Durch Strukturvergleiche (Bannwarth et al 2004) kann im Anschluss festgestellt werden, ob es sich dabei um strukturell oder funktionell wichtige Methionine oder *scavenger* handelt (Levine et al 1996, Levine et al 2000). So wurde Met164 in Nähe des aktiven Zentrums der P2Ox als

oxidationsanfällig identifiziert und durch Sättigungsmutagenese mit Glutamin ersetzt, was in einer Variante mit zum Teil verbesserten katalytischen Effizienzen und höherer pH-Stabilität resultierte. Diese Variante, P2OxB2H-M164Q, wurde in aufeinanderfolgenden Biokonversionen mit D-Glucose eingesetzt, die aufgrund der verbesserten Affinität zu diesem Substrat 1,7-fach schneller abgeschlossen waren als bei Einsatz von P2OxB2H. Im Gegensatz zum Templateenzym schloss P2OxB2H-M164Q auch die darauf folgenden Konversionsrunden quantitativ ab, was auf eine höhere operative Stabilität, möglicherweise durch verbesserte Resistenz gegen Sauerstoffinaktivierung, rückschließen lässt. Der langsame Aktivitätsabfall nach mehreren aufeinander folgenden Umsätzen könnte auf die Filtration des Enzyms zwischen den einzelnen Runden zur Entfernung des Produkts zurückzuführen sein, die immer mit gewissen Verlusten an Protein verbunden ist. Die Filtration ist dennoch nötig, um bei den hohen akkumulierenden Produktkonzentrationen eine mögliche Produkthemmung zu verhindern.

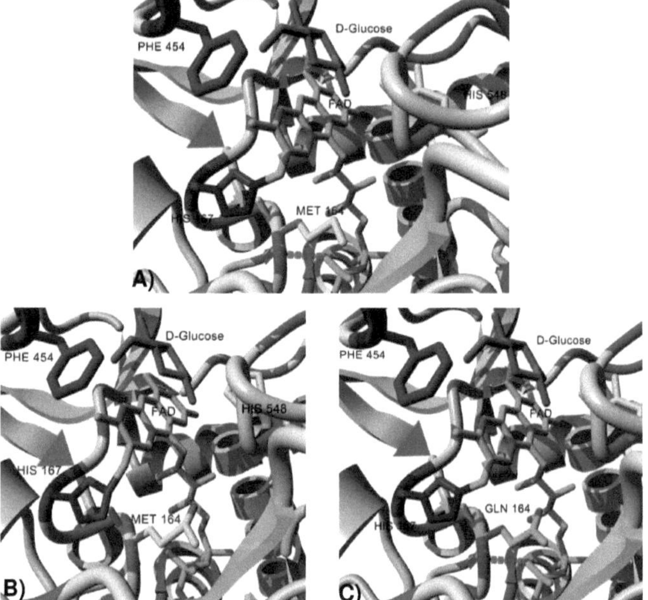

Abbildung 54: Ausschnitt aus dem aktiven Zentrum der P2Ox. (A) P2OxB2H, (B) P2OxB2H-M164Ox und (C) P2OxB2H-M164Q. Gelb: Wasserstoffbrücken. Das Modell wurde anhand der Strukturdaten (Bannwarth et al 2004) mit YASARA Model erstellt.

Simulationen des oxidierten und dadurch um 3,04 Å vergrößerten Met164 deuten eine Verschiebung des benachbarten Flavins an, welches bereits bei einer Verlagerung um nur 0,5 Å nicht mehr fähig ist, eine Wasserstoffbrücke zum Met164 oder, was entscheidender ist, zum Substrat zu bilden. Dies könnte die beobachtete Inaktivierung des Enzyms durch Oxidation an Met164 erklären. Durch den Austausch nach Glutamin wird die Wasserstoffbrücke zur Phosphatgruppe des FAD von 3,0 auf 1,95 Å verkürzt (vgl. Abbildung 54), was sich durch einen leichten Shift in der Substratspezifität ausdrückt und offensichtlich einen stabilisierenden Effekt hat. Strukturelle Vergleiche und Mutagenesestudien an verschiedenen Oxidasen haben gezeigt, dass Austausche in Nähe des FADs durch Variation der dynamischen und stereochemischen Eigenschaften der Umgebung zu starken und unvorhergesehenen Aktivitätsänderungen führen können (Mattevi 2006). Im Fall der D-Aminosäure-Oxidase aus *Trigonopsis variabilis* wurde gezeigt, dass die Oxidation eines einzelnen Cysteins in Nähe des Flavins die Mikroumgebung des Cofactors so beeinflusst, dass dies zu einem drastischen Aktivitätsverlust führt (Slavica et al 2005).

Somit ist es gelungen eine Methode zu entwickeln, mit der Methionine identifiziert werden können, die an der Sauerstoffinaktivierung von Enzymen beteiligt sind. Mit Sättigungsmutagenese können im Anschluss auch strukturell und funktionell kritische Positionen in Nähe zu Cofaktor und aktivem Zentrum ohne Aktivitätseinbußen ausgetauscht und somit ein Enzym mit erhöhter Sauerstoffstabilität erhalten werden. Neben der Entwicklung einer Variante mit erhöhter operativer Stabilität war es im Rahmen dieser Arbeit außerdem gelungen, die P2Ox aus *P. gigantea* mit Mutagenese und Coexpression von Chaperonen in ihrer Löslichkeit deutlich zu verbessern und ihre Expression mit fermentativen Methoden zu optimieren. Damit erhöht sich die Eignung des Enzyms für Prozesse größeren Maßstabs. Das Substratspektrum der P2Ox konnte durch eine Kombination von gerichtetem und rationalem Proteindesign zu C3-Substraten und insbesondere 2-Desoxy-D-glucose verschoben werden, was den effektiven Einsatz der P2Ox in neu entwickelten Synthesewegen ermöglicht.

V Zusammenfassung

Die Pyranose-2-Oxidase aus *Peniophora gigantea* lag zu Beginn dieser Arbeit in *E. coli* kloniert vor und trug die Austausche E540K und K312E. Durch gerichtete Evolution in Kombination mit rationalem Design konnte die katalytische Effizienz dieser Variante durch Einführen der Austausche N71Y und S456N für das Substrat 2-Desoxy-D-glucose um das 30,3-fache erhöht werden. Ein rationales Design im aktiven Zentrum an Position T169 zur Verbesserung der Affinität zu D-Galactose hatte eine Variante mit 4,9-fach erhöhter katalytischer Effizienz zum Zielsubstrat zur Folge. Außerdem besaß die T169G eine 62-fach erhöhte katalytische Effizienz für L-Arabinose, welche ebenfalls ein sehr interessantes Substrat darstellt.
Durch Austausch hydrophober Aminosäuren in der stark exponierten Kopfregion des Enzyms wurde die Bildung von *inclusion bodies* um 38% gesenkt und eine vielseitige und stabile Variante entwickelt (P2OxB2H1). Eine Coexpression mit dem Triggerfaktor aus *E. coli* bewirkte eine weitere Verbesserung auf 7,5%. Daneben konnte die Enzymausbeute durch Etablierung eines Verfahrens zur Hochzelldichtefermentation von *E. coli* um das 12,7-fache auf 6333 U/L gesteigert werden.
Durch MALDI TOF-Analyse von Pepsin-fragmentierter P2Ox vor und nach Biokonversion wurde ein oxidationsanfälliges Methionin isoliert und per Sättigungsmutagenese durch Glutamin ersetzt. Die neue Variante wies eine höhere operative Stabilität auf und blieb auch bei Einsatz in mehreren aufeinanderfolgenden Konversionen aktiv.

VI Abstract

The Pyranose 2-Oxidase from *Peniophora gigantea* was cloned into *E. coli* prior to this work and mutated at positions E540K and K312E. The catalytic efficiency of this variant was optimized via directed evolution and rational design by introducing the substitutions N71Y and S456N and thus raised 30,3-fold for 2-Deoxy-D-glucose.
Rational design at the active site at position T169 led to a variant (T169G) with 4,9-fold higher catalytic efficiency for D-Galactose and a 62-fold higher catalytic efficiency for L-Arabinose, another substrate of high interest.
Substitution of hydrophobic amino acid residues in the highly exposed head domain by hydrophilic ones lowered the inclusion body formation by 38% and yielded a versatile and stable variant, P2OxB2H1. Coexpression of trigger factor from *E. coli* reduced the inclusion bodies further down to 7,5%.
By establishing a method of high cell density fed batch fermentation of *E. coli*, enyzme yield of P2OxB2H1 could be raised 12,7-fold to 6333 U/L.
By MALDI TOF analysis of P2Ox digested with pepsin prior to and after bioconversion, a crucial methionine for oxidation could be isolated and substituted by a glutamate via saturation mutagenesis. The new variant showed higher operational stability and remained active even after multible rounds of bioconversion.

VII Literaturverzeichnis

Agashe VR, Hartl FU. 2000. Roles of molecular chaperones in cytoplasmic protein folding. *Semin. Cell Dev. Biol.* 11(1):15-25

Ahmed Z, Shimonishi T, Bhuiyan SH, Utamura M, Takada G, Izumori K. 1999. Biochemical preparation of L-ribose and L-arabinose from ribitol: A new approach. *Journal of Bioscience and Bioengineering* 88(4):444-8

Albrecht M, Lengauer T. 2003. Pyranose oxidase identified as a member of the GMC oxidoreductase family. *Bioinformatics.* 19(10):1216-20

Alper J. 2001. Searching for medicine's sweet spot. *Science* 291(5512):2338-43

Arnold FH, Moore JC. 1997. Optimizing industrial enzymes by directed evolution. *Adv. Biochem. Eng Biotechnol.* 58:1-14

Arnold FH, Wintrode PL, Miyazaki K, Gershenson A. 2001. How enzymes adapt: lessons from directed evolution. *Trends Biochem. Sci.* 26(2):100-6

Artolozaga MJ, Kubatova E, Volc J, Kalisz HM. 1997. Pyranose 2-oxidase from Phanerochaete chrysosporium--further biochemical characterisation. *Appl. Microbiol. Biotechnol.* 47(5):508-14

Asano T, Ishihara K, Morota T, Takeda S, Aburada M. 2003. Permeability of the flavonoids liquiritigenin and its glycosides in licorice roots and davidigenin, a hydrogenated metabolite of liquiritigenin, using human intestinal cell line Caco-2. *J Ethnopharmacol.* 89(2-3):285-9

Baik SH, Ide T, Yoshida H, Kagami O, Harayama S. 2003. Significantly enhanced stability of glucose dehydrogenase by directed evolution. *Appl. Microbiol. Biotechnol* 61(4):329-35

Bannwarth M, Bastian S, Heckmann-Pohl D, Giffhorn F, Schulz GE. 2004. Crystal structure of pyranose 2-oxidase from the white-rot fungus peniophora sp. *Biochemistry* 43(37):11683-90

Bannwarth M, Heckmann-Pohl D, Bastian S, Giffhorn F, Schulz GE. 2006. Reaction geometry and thermostable variant of pyranose 2-oxidase from the white-rot fungus Peniophora sp. *Biochemistry* 45(21):6587-95

Bartsch S, Kourist R, Bornscheuer UT. 2008. Complete inversion of enantioselectivity towards acetylated tertiary alcohols by a double mutant of a Bacillus subtilis esterase. *Angew. Chem. Int. Ed Engl.* 47(8):1508-11

Bastian S. 2005. Herstellung von Pyranose-2-Oxidase Enzymvarianten mit erhöhter Reaktivität und Stabilität.

Bastian S, Rekowski MJ, Witte K, Heckmann-Pohl DM, Giffhorn F. 2005. Engineering of pyranose 2-oxidase from Peniophora gigantea towards improved thermostability and catalytic efficiency. *Appl. Microbiol. Biotechnol* 67(5):654-63

Baxter EW, Reitz AB. 1992. Concise Synthesis of 1-Deoxymannojirimycin. *Bioorg. Med. Chem. Lett.* 2(11):1419-22

Berg TF, Niebergal PJ. 1992. Glucose oxidase as a pharmaceutical antioxidant. *Drug Devel. And Ind. Pharm.*(18):1813-22

Bergmeyer HU, Gawehn K. 1977. *Grundlagen der enzymatischen Analyse.* Weinheim: Verlag Chemie.

Betts MJ, Russell RB. 2003. Amino acid properties and consequences of subsitutions. In *Bioinformatics for Geneticists*, ed. Barnes MR, Gray IC, Wiley.

Birnboim HC. 1983. A rapid alkaline extraction method for the isolation of plasmid DNA. *Methods Enzymol.* 100:243-55

Bordo D, Argos P. 1991. Suggestions for "safe" residue substitutions in site-directed mutagenesis. *J. Mol. Biol.* 217(4):721-9

Bornscheuer UT, Pohl M. 2001. Improved biocatalysts by directed evolution and rational protein design. *Curr. Opin. Chem Biol.* 5(2):137-43

Brechtel E. 1995. Untersuchung zum L-Glucit-Metabolismus von *Pseudomonas* spec. Ac.

Breuer M, Ditrich K, Habicher T, Hauer B, Kesseler M, Sturmer R, Zelinski T. 2004. Industrial methods for the production of optically active intermediates. *Angew. Chem. Int. Ed Engl.* 43(7):788-824

Cai Q, Zeng K, Ruan C, Desai TA, Grimes CA. 2004. A Wireless, Remote Query Glucose Biosensor Based on a pH-Sensitive Polymer. *Anal. Chem* 76(14):4038-43

Carr R, Alexeeva M, Enright A, Eve TS, Dawson MJ, Turner NJ. 2003. Directed evolution of an amine oxidase possessing both broad substrate specificity and high enantioselectivity. *Angew. Chem Int. Ed Engl.* 42(39):4807-10

Cavener DR. 1992. GMC oxidoreductases. A newly defined family of homologous proteins with diverse catalytic activities. *J. Mol. Biol.* 223(3):811-4

Cay O, Radnell M, Jeppsson B, Ahren B, Bengmark S. 1992. Inhibitory effect of 2-deoxy-D-glucose on liver tumor growth in rats. *Cancer Res.* 52(20):5794-6

Chalmers JJ, Kim E, Telford JN, Wong EY, Tacon WC, Shuler ML, Wilson DB. 1990. Effects of temperature on Escherichia coli overproducing beta-lactamase or human epidermal growth factor. *Appl. Environ. Microbiol.* 56(1):104-11

Chang TC, Chou WY, Chang GG. 2000. Protein oxidation and turnover. *J. Biomed. Sci.* 7(5):357-63

Chen YL, Tang TY, Cheng KJ. 2001. Directed evolution to produce an alkalophilic variant from a Neocallimastix patriciarum xylanase. *Can. J. Microbiol.* 47(12):1088-94

Cherry JR, Fidantsef AL. 2003. Directed evolution of industrial enzymes: an update. *Curr. Opin. Biotechnol.* 14(4):438-43

Chi MC, Chou WM, Wang CH, Chen W, Hsu WH, Lin LL. 2004. Generating oxidation-resistant variants of Bacillus kaustophilus leucine aminopeptidase by substitution of the critical methionine residues with leucine. *Antonie Van Leeuwenhoek* 86(4):355-62

Chica RA, Doucet N, Pelletier JN. 2005. Semi-rational approaches to engineering enzyme activity: combining the benefits of directed evolution and rational design. *Curr. Opin. Biotechnol* 16(4):378-84

Christensen J, Lassen SF, Schneider P. 2000. *Patent No. 6146865*

Copeland A, Lucas S, Lapidus A, Barry K, Glavina del Rio T, Dalin E, Tice H, Bruce D, Pitluck S, Jansson J, Richardson P. Sequencing of the draft genome and assembly of *Arthrobacter chlorophenolicus* A6. 2008.
Ref Type: Unpublished Work

Cunningham BC, Wells JA. 1987. Improvement in the alkaline stability of subtilisin using an efficient random mutagenesis and screening procedure. *Protein Eng* 1(4):319-25

DalleDonne I, Milzani A, Colombo R. 1999. The tert-butyl hydroperoxide-induced oxidation of actin Cys-374 is coupled with structural changes in distant regions of the protein. *Biochemistry* 38(38):12471-80

Danneel HJ. 1990. Neue Oxidasen zur regioselektiven Derivatisierung von Polyhydroxyverbindungen.

Danneel HJ, Rossner E, Zeeck A, Giffhorn F. 1993. Purification and characterization of a pyranose oxidase from the basidiomycete Peniophora gigantea and chemical analyses of its reaction products. *Eur. J. Biochem.* 214(3):795-802

de Koker TH, Mozuch MD, Cullen D, Gaskell J, Kersten PJ. 2004. Isolation and Purification of Pyranose 2-Oxidase from Phanerochaete chrysosporium and Characterization of Gene Structure and Regulation. *Appl. Environ. Microbiol.* 70(10):5794-800

Deacon SE, Mahmoud K, Spooner RK, Firbank SJ, Knowles PF, Phillips SE, McPherson MJ. 2004. Enhanced fructose oxidase activity in a galactose oxidase variant. *Chembiochem.* 5(7):972-9

Dean RT, Fu S, Stocker R, Davies MJ. 1997. Biochemistry and pathology of radical-mediated protein oxidation. *Biochem. J.* 324 (Pt 1):1-18

Delagrave S, Murphy DJ, Pruss JL, Maffia AM, III, Marrs BL, Bylina EJ, Coleman WJ, Grek CL, Dilworth MR, Yang MM, Youvan DC. 2001. Application of a very high-throughput digital imaging screen to evolve the enzyme galactose oxidase. *Protein Eng* 14(4):261-7

Dietrich D, Crooks C. Isolation of a pyranose 2-oxidase from the brown-rot fungi *Gloeophyllum trabeum* MAD-617. 2008.
Ref Type: Unpublished Work

Dorscheid S. 2005. Optimierung der katalytischen Effizienzen der Pyranose-2-Oxidase aus *Peniophora gigantea* für das Substrat 2-Desoxy-D-glucose durch ortsgerichtete und Zufallsmutagenese. Applied Microbiology.

Drueckhammer DG, Hennen WJ, Pederson RL, Barbas CF, Gautheron CM, Krach T, Wong CH. Enzyme catalysed in synthetic chemistry. Synthesis 7, 499-525. 1991. Ref Type: Journal (Full)

el Mansi EM, Holms WH. 1989. Control of carbon flux to acetate excretion during growth of Escherichia coli in batch and continuous cultures. *J. Gen. Microbiol.* 135(11):2875-83

Ernst H, Ross B, Knoll M. 2002. Reliable glucose monitoring through the use of microsystem technology. *Anal. Bioanal. Chem* 373(8):758-61

Freimund S, Huwig A, Giffhorn F, Köpper S. 1998. Rare Keto-Aldoses from Enzymatic Oxidation: Substrates and Oxidation Products of Pyranose 2-Oxidase. *Chem. Eur. J.* 4(12):2442-55

Freimund S, Kopper S. 2004. The composition of 2-keto aldoses in organic solvents as determined by NMR spectroscopy. *Carbohydr. Res.* 339(2):217-20

Geigert J, Neidleman SL, Hirano DS. 1983. Convenient laboratory procedure for reducing D-glucosone to D-fructose. *Carbohydr. Res.* 113:159-62

Giffhorn F, Kühn A. 2004. *Deutschland*

Giffhorn F. 2000. Fungal pyranose oxidases: occurrence, properties and biotechnical applications in carbohydrate chemistry. *Appl. Microbiol. Biotechnol.* 54(6):727-40

Graham LD, Haggett KD, Jennings PA, Le Brocque DS, Whittaker RG, Schober PA. 1993. Random mutagenesis of the substrate-binding site of a serine protease can generate enzymes with increased activities and altered primary specificities. *Biochemistry* 32(24):6250-8

Guex N, Peitsch MC. 1997. SWISS-MODEL and the Swiss-PdbViewer: an environment for comparative protein modeling. *Electrophoresis* 18(15):2714-23

Gussow D, Clackson T. 1989. Direct clone characterization from plaques and colonies by the polymerase chain reaction. *Nucleic Acids Res.* 17(10):4000

Gustavsson N, Kokke BP, Anzelius B, Boelens WC, Sundby C. 2001. Substitution of conserved methionines by leucines in chloroplast small heat shock protein results in loss of redox-response but retained chaperone-like activity. *Protein Sci* 10(9):1785-93

Hallberg BM, Henriksson G, Pettersson G, Divne C. 2002. Crystal structure of the flavoprotein domain of the extracellular flavocytochrome cellobiose dehydrogenase. *J. Mol. Biol.* 315(3):421-34

Hallberg BM, Leitner C, Haltrich D, Divne C. 2004. Crystal Structure of the 270 kDa Homotetrameric Lignin-degrading Enzyme Pyranose 2-Oxidase. *J. Mol. Biol.* 341(3):781-96

Hanahan D. 1983. Studies on transformation of Escherichia coli with plasmids. *J. Mol. Biol.* 166(4):557-80

Hanahan D, Jessee J, Bloom FR. 1991. Plasmid transformation of Escherichia coli and other bacteria. *Methods Enzymol.* 204:63-113

Hartree EF. 1972. Determination of protein: a modification of the Lowry method that gives a linear photometric response. *Anal. Biochem.* 48(2):422-7

Hecky J, Muller KM. 2005. Structural Perturbation and Compensation by Directed Evolution at Physiological Temperature Leads to Thermostabilization of beta-Lactamase. *Biochemistry* 44(38):12640-54

Ho JG, Middelberg AP. 2004. Estimating the potential refolding yield of recombinant proteins expressed as inclusion bodies. *Biotechnol. Bioeng.* 87(5):584-92

Hoffmann F, van den Heuvel J, Zidek N, Rinas U. 2004. Minimizing inclusion body formation during recombinant protein production in Escherichia coli at bench and pilot plant scale. *Enzyme and Microbial Technology* 34(3-4):235-41

Holms WH. 1986. The central metabolic pathways of Escherichia coli: relationship between flux and control at a branch point, efficiency of conversion to biomass, and excretion of acetate. *Curr. Top. Cell Regul.* 28:69-105

Huwig A, Danneel HJ, Giffhorn F. 1994. Laboratory procedures for producing 2-keto-D-glucose, 2-keto-D-xylose and 5-keto-D-fructose from D-glucose, D-xylose and L-sorbose with immobilized pyranose oxidaseof *Peniophora gigantea. J. Biotechnol.* 32:309-15

Jaeger KE, Eggert T. 2002. Lipases for biotechnology. *Curr. Opin. Biotechnol.* 13(4):390-7

Jaeger KE, Reetz MT. 2000. Directed evolution of enantioselective enzymes for organic chemistry. *Curr. Opin. Chem Biol.* 4(1):68-73

Jaeger KE, Reetz MT, Dijkstra BW. 2002. Directed evolution to produce enantioselective biocatalysts. *ASM News* 68(11):556-62

Jomaa H, Wiesner J, Sanderbrand S, Altincicek B, Weidemeyer C, Hintz M, Turbachova I, Eberl M, Zeidler J, Lichtenthaler HK, Soldati D, Beck E. 1999. Inhibitors of the nonmevalonate pathway of isoprenoid biosynthesis as antimalarial drugs. *Science* 285(5433):1573-6

Jones JB. 1986. Enzymes in organic synthesis. *Tedrahedron* 42:3351-403

Joyet P, Declerck N, Gaillardin C. 1992. Hyperthermostable variants of a highly thermostable alpha-amylase. *Biotechnology (N. Y.)* 10(12):1579-83

Ju SS, Lin LL, Chien HR, Hsu WH. 2000. Substitution of the critical methionine residues in trigonopsis variabilis D-amino acid oxidase with leucine enhances its resistance to hydrogen peroxide. *FEMS Microbiol. Lett.* 186(2):215-9

Karimaki J, Parkkinen T, Santa H, Pastinen O, Leisola M, Rouvinen J, Turunen O. 2004. Engineering the substrate specificity of xylose isomerase. *Protein Eng Des Sel* 17(12):861-9

Kato A, Kato N, Kano E, Adachi I, Ikeda K, Yu L, Okamoto T, Banba Y, Ouchi H, Takahata H, Asano N. 2005. Biological properties of D- and L-1-deoxyazasugars. *J Med. Chem* 48(6):2036-44

Kim P. 2004. Current studies on biological tagatose production using L-arabinose isomerase: a review and future perspective. *Appl. Microbiol. Biotechnol* 65(3):243-9

Kim YH, Berry AH, Spencer DS, Stites WE. 2001. Comparing the effect on protein stability of methionine oxidation versus mutagenesis: steps toward engineering oxidative resistance in proteins. *Protein Eng* 14(5):343-7

Kleman GL, Strohl WR. 1994. Acetate metabolism by Escherichia coli in high-cell-density fermentation. *Appl. Environ. Microbiol.* 60(11):3952-8

Korz DJ, Rinas U, Hellmuth K, Sanders EA, Deckwer WD. 1995. Simple fed-batch technique for high cell density cultivation of Escherichia coli. *J. Biotechnol.* 39(1):59-65

Kotik M, Kocanova M, Maresova H, Kyslik P. 2004. High-level expression of a fungal pyranose oxidase in high cell-density fed-batch cultivations of Escherichia coli using lactose as inducer. *Protein Expr. Purif.* 36(1):61-9

Krieger E, Koraimann G, Vriend G. 2002. Increasing the precision of comparative models with YASARA NOVA--a self-parameterizing force field. *Proteins* 47(3):393-402

Kuchner O, Arnold FH. 1997. Directed evolution of enzyme catalysts. *Trends Biotechnol.* 15(12):523-30

Kühn A, Yu S, Giffhorn F. 2005. Catabolism of 1,5-anhydro-D-fructose in bacteria *Rhizobiaceae*: The discovery, purification, characterization an overexpression of a new 1,5-anhydro-D-fructose reductase of *Ensifer morelense* S-30.7.5. and the application of the reductase in the sugar analysis and rare sugar synthesis. *Appl. Environ. Microbiol.* In press

Kujawa M, Ebner H, Leitner C, Hallberg BM, Prongjit M, Sucharitakul J, Ludwig R, Rudsander U, Peterbauer C, Chaiyen P, Haltrich D, Divne C. 2006. Structural basis for substrate binding and regioselective oxidation of monosaccharides at C3 by pyranose 2-oxidase. *J. Biol. Chem.* 281(46):35104-15

Kujawa M, Volc J, Halada P, Sedmera P, Divne C, Sygmund C, Leitner C, Peterbauer C, Haltrich D. 2007. Properties of pyranose dehydrogenase purified from the litter-degrading fungus Agaricus xanthoderma. *FEBS J.* 274(3):879-94

Kulbe KD. 1988. Enzymtechnologie und nachwachsende Rohstoffe. *Nachr. Chem. Tech. Lab.*(34):612-24

Kyte J, Doolittle RF. 1982. A simple method for displaying the hydropathic character of a protein. *J. Mol. Biol.* 157(1):105-32

Laemmli UK. 1970. Cleavage of structural proteins during the assembly of the head of bacteriophage T4. *Nature* 227(5259):680-5

Lange BM, Croteau R. 1999. Isoprenoid biosynthesis via a mevalonate-independent pathway in plants: cloning and heterologous expression of 1-deoxy-D-xylulose-5-phosphate reductoisomerase from peppermint. *Arch. Biochem. Biophys.* 365(1):170-4

Lecklin A, Jarvikyla M, Tuomisto L. 1994. The effect of metoprine on glucoprivic feeding induced by 2-deoxy-D-glucose. *Pharmacol. Biochem. Behav.* 49(4):853-7

Lee SY. 1996. High cell-density culture of Escherichia coli. *Trends Biotechnol.* 14(3):98-105

Leung DW, Chen EY, Goeddel DV. A method for random mutagenesis of a defined DNA segment using a modified polymerase chain reaction. Technique [1], 11-15. 1989.
Ref Type: Journal (Full)

Levine RL, Moskovitz J, Stadtman ER. 2000. Oxidation of methionine in proteins: roles in antioxidant defense and cellular regulation. *IUBMB. Life* 50(4-5):301-7

Levine RL, Mosoni L, Berlett BS, Stadtman ER. 1996. Methionine residues as endogenous antioxidants in proteins. *Proc. Natl. Acad. Sci. U. S. A* 93(26):15036-40

Lichtenthaler FW, Immel S, Martin D, Müller V. 1993. Some disaccharide-derived building blocks of potential industrial utility. In *Carbohydrates as organic raw materials*, ed. Descotes G,59-98 pp. Verlag Chemie, Weinheim. 59-98 pp.

Lin LL, Lo HF, Chiang WY, Hu HY, Hsu WH, Chang CT. 2003. Replacement of methionine 208 in a truncated Bacillus sp. TS-23 alpha-amylase with oxidation-resistant leucine enhances its resistance to hydrogen peroxide. *Curr. Microbiol.* 46(3):211-6

Lindberg B, Theander O. 1968. Reactions between D-glucosone and alkali. *Acta Chem. Scand.* 22:1782-6

Lorimer GH. 1996. A quantitative assessment of the role of the chaperonin proteins in protein folding in vivo. *FASEB J.* 10(1):5-9

Lu W, Oberthur M, Leimkuhler C, Tao J, Kahne D, Walsh CT. 2004. Characterization of a regiospecific epivancosaminyl transferase GtfA and enzymatic reconstitution of the antibiotic chloroeremomycin. *Proc. Natl. Acad. Sci. U. S. A* 101(13):4390-5

Luli GW, Strohl WR. 1990. Comparison of growth, acetate production, and acetate inhibition of Escherichia coli strains in batch and fed-batch fermentations. *Appl. Environ. Microbiol.* 56(4):1004-11

Maehama T, Patzelt A, Lengert M, Hutter KJ, Kanazawa K, Hausen H, Rosl F. 1998. Selective down-regulation of human papillomavirus transcription by 2-deoxyglucose. *Int. J Cancer* 76(5):639-46

Malissard M, Berger EG. 2001. Improving solubility of catalytic domain of human beta-1,4-galactosyltransferase 1 through rationally designed amino acid replacements. *Eur. J. Biochem.* 268(15):4352-8

Maresova H, Palyzova A, Kyslik P. 2007. The C-terminal region controls correct folding of genus Trametes pyranose 2-oxidases. *J. Biotechnol.* 130(3).229-35

Maresova H, Vecerek B, Hradska M, Libessart N, Becka S, Saniez MH, Kyslik P. 2005. Expression of the pyranose 2-oxidase from Trametes pubescens in Escherichia coli and characterization of the recombinant enzyme. *J Biotechnol*

Masuda-Nishimura I, Minamihara T, Koyama Y. Improvement of thermal stability and reactivity of pyranose oxidase from *coriolus versicolor* by random mutagenesis. Biotechnol.Lett. 21, 203-207. 1999.
Ref Type: Journal (Full)

Mattevi A. 2006. To be or not to be an oxidase: challenging the oxygen reactivity of flavoenzymes. *Trends Biochem. Sci* 31(5):276-83

Meyers JA, Sanchez D, Elwell LP, Falkow S. 1976. Simple agarose gel electrophoretic method for the identification and characterization of plasmid deoxyribonucleic acid. *J. Bacteriol.* 127(3):1529-37

Michal G, Möllering H, Siedel J. 1983. Chemical design for indicator reactions in the visible range. In *Methods of enzymatic analysis.*, ed. Bergmeyer HU,197-232 pp. Weinheim: Verlag Chemie. 197-232 pp.

Minagawa H, Shimada J, Kaneko H. 2003. Effect of mutations at Glu160 and Val198 on the thermostability of lactate oxidase. *Eur. J. Biochem.* 270(17):3628-33

Mogk A, Deuerling E, Mayer P. Molekulare Chaperone und ihr biotechnologisches Potential: Mechanismen der Proteinfaltung. 31[3], 182-192. 2007.
Ref Type: Generic

Müller D. 1928. Studien über ein neues Enzym Glukoseoxidase. *Biochem. Z.*(199):136-70

Murby M, Samuelsson E, Nguyen TN, Mignard L, Power U, Binz H, Uhlen M, Stahl S. 1995. Hydrophobicity engineering to increase solubility and stability of a recombinant protein from respiratory syncytial virus. *Eur. J. Biochem.* 230(1):38-44

Nishihara K, Kanemori M, Kitagawa M, Yanagi H, Yura T. 1998. Chaperone coexpression plasmids: differential and synergistic roles of DnaK-DnaJ-GrpE and

GroEL-GroES in assisting folding of an allergen of Japanese cedar pollen, Cryj2, in Escherichia coli. *Appl. Environ. Microbiol.* 64(5):1694-9

Nishimura I, Okada K, Koyama Y. 1996. Cloning and expression of pyranose oxidase cDNA from Coriolus versicolor in Escherichia coli. *J. Biotechnol.* 52(1):11-20

Ohmori T, Adachi K, Fukuda Y, Tamahara S, Matsuki N, Ono K. 2004. Glucose uptake activity in murine red blood cells infected with Babesia microti and Babesia rodhaini. *Journal of Veterinary Medical Science* 66(8):945-9

Oliphant AR, Struhl K. 1989. An efficient method for generating proteins with altered enzymatic properties: application to beta-lactamase. *Proc. Natl. Acad. Sci. U. S. A* 86(23):9094-8

Oue S, Okamoto A, Yano T, Kagamiyama H. 1999. Redesigning the substrate specificity of an enzyme by cumulative effects of the mutations of non-active site residues. *J Biol. Chem* 274(4):2344-9

Ovod V, Rudolph K, Knirel Y, Krohn K. 1996. Immunochemical characterization of O polysaccharides composing the alpha-D-rhamnose backbone of lipopolysaccharide of Pseudomonas syringae and classification of bacteria into serogroups O1 and O2 with monoclonal antibodies. *J. Bacteriol.* 178(22):6459-65

Pabst S. 2007. Untersuchungen zur Sauerstoffinaktivierung der Pyranose-2-Oxidase aus *Peniophora gigantea* mit Hilfe von MALDI-TOF MS Analyse und gezielter Mutagenese.

Pitz M. 2007. Physiologische und molekularbiologische Untersuchungen zur Expression eukaryontischer Pyranose-2-Oxidase in *Escherichia coli.*

Pogulis RJ, Vallejo AN, Pease LR. 1996. In vitro recombination and mutagenesis by overlap extension PCR. *Methods Mol. Biol.* 57:167-76

Pollard DJ, Woodley JM. 2007. Biocatalysis for pharmaceutical intermediates: the future is now. *Trends Biotechnol.* 25(2):66-73

Primrose SB. 1990. *Biotechnologie: Grundlagen, Anwendungen, Perspektiven.* Heidelberg: Spektrum der Wissenschaft Verlagsgesellschaft mbH.

Purcell EM, Torrey HC, Pound RV. 1946. Resonance absorption by nuclear magnetic moments in a solid. *Physical Reviews* 69(1-2):37

Purvanov V, Fetzner S. 2005. Replacement of active-site residues of quinoline 2-oxidoreductase involved in substrate recognition and specificity. *Curr. Microbiol.* 50(4):217-22

Radola BJ. Ultrathin-layer isoelectric focusing in 500-100 µm polyacrylamide gels on silanized glass plates or polyester films. Electrophoresis 1, 43-56. 1980.
Ref Type: Journal (Full)

Ralph JP, Catcheside DEA. 2002. Biodegradation by White-Rot Fungi. In *The Mycota X*, ed. Osiewacz HD, 15: Berlin Heidelberg: Springer-Verlag.

Raman J, Sumathy K, Anand RP, Balaram H. 2004. A non-active site mutation in human hypoxanthine guanine phosphoribosyltransferase expands substrate specificity. *Arch. Biochem. Biophys.* 427(1):116-22

Rando D, Kohring G-W, Giffhorn F. 1997. Production, purification and characterization of glucose oxidase from a newly isolated strain of *Penicillium pinophilum. Appl. Microbiol. Biotechnol.* 48:34-40

Redinbaugh MG, Turley RB. 1986. Adaptation of the bicinchoninic acid protein assay for use with microtiter plates and sucrose gradient fractions. *Anal. Biochem.* 153(2):267-71

Reetz MT, Bocola M, Carballeira JD, Zha D, Vogel A. 2005. Expanding the range of substrate acceptance of enzymes: combinatorial active-site saturation test. *Angew. Chem Int. Ed Engl.* 44(27):4192-6

Reetz MT, Carballeira JD, Peyralans J, Hobenreich H, Maichele A, Vogel A. 2006a. Expanding the substrate scope of enzymes: combining mutations obtained by CASTing. *Chemistry* 12(23):6031-8

Reetz MT, Jaeger KE. 2000. Enantioselective enzymes for organic synthesis created by directed evolution. *Chemistry.* 6(3):407-12

Reetz MT, Wang LW, Bocola M. 2006b. Directed Evolution of Enantioselective Enzymes: Iterative Cycles of CASTing for Probing Protein-Sequence Space. *Angew. Chem Int. Ed Engl.* 45(16):2494

Reitz AB, Baxter EW. 1990. Pyrrolidine and Piperidine Aminosugars from Dicarbonyl Sugars in One-Step - Concise Synthesis of 1-Deoxynojirimycin. *Tetrahedron Letters* 31(47):6777-80

Riesenberg D, Menzel K, Schulz V, Schumann K, Veith G, Zuber G, Knorre WA. 1990. High cell density fermentation of recombinant Escherichia coli expressing human interferon alpha 1. *Appl. Microbiol. Biotechnol.* 34(1):77-82

Rinas U, Bailey JE. 1993. Overexpression of bacterial hemoglobin causes incorporation of pre-beta-lactamase into cytoplasmic inclusion bodies. *Appl. Environ. Microbiol.* 59(2):561-6

Rohmer M. 1999. The discovery of a mevalonate-independent pathway for isoprenoid biosynthesis in bacteria, algae and higher plants. *Nat. Prod. Prep.* 16:565-74

Röper H. 1991. Selective oxidation of D-glucose: chiral intermediates for industrial utilization. In *Carbohydrates as organic raw materials*, ed. Lichtenthaler FW,267-288 pp. Verlag Chemie, Weinheim. 267-288 pp.

Ruelius HW, Kerwin RM, Janssen FW. 1968. Carbohydrate oxidase, a novel enzyme from Polyporus obtusus. I. Isolation and purification. *Biochim. Biophys. Acta* 167(3):493-500

Sacchi S, Rosini E, Molla G, Pilone MS, Pollegioni L. 2004. Modulating D-amino acid oxidase substrate specificity: production of an enzyme for analytical determination of all D-amino acids by directed evolution. *Protein Eng Des Sel* 17(6):517-25

Sakaue R, Kajiyama N. 2003. Thermostabilization of bacterial fructosyl-amino acid oxidase by directed evolution. *Appl. Environ. Microbiol.* 69(1):139-45

Sambrook J, Frisch EF, Maniatis T. 1989. *Molecular cloning: A laboratory manual.* Cold Spring Harbor Laboratory Press, New York.

Samuelsson E, Moks T, Nilsson B, Uhlen M. 1994. Enhanced in vitro refolding of insulin-like growth factor I using a solubilizing fusion partner. *Biochemistry* 33(14):4207-11

Sanger F, Nicklen S, Coulson AR. 1977. DNA sequencing with chain-terminating inhibitors. *Proc. Natl. Acad. Sci U. S. A* 74(12):5463-7

Sareen D, Sharma R, Vohra RM. 2001. Chaperone-assisted overexpression of an active D-carbamoylase from Agrobacterium tumefaciens AM 10. *Protein Expr. Purif.* 23(3):374-9

Schaider H, Haberkorn U, Berger MR, Oberdorfer F, Morr I, van Kaick G. 1996. Application of alpha-aminoisobutyric acid, L-methionine, thymidine and 2-fluoro-2-deoxy-D-glucose to monitor effects of chemotherapy in a human colon carcinoma cell line. *Eur. J Nucl. Med.* 23(1):55-60

Schein CH, Noteborn HM. Formation of soluble recombinant proteins in *Escherichia coli* is favored by lower growth and temperature. Biotechnology [6], 291-294. 1988. Ref Type: Journal (Full)

Schlegel HG. 1992. *Allgemeine Mikrobiologie.* Thieme Verlag, Stuttgart.

Schlieker C, Bukau B, Mogk A. 2002. Prevention and reversion of protein aggregation by molecular chaperones in the E. coli cytosol: implications for their applicability in biotechnology. *J. Biotechnol.* 96(1):13-21

Schmid A, Dordick JS, Hauer B, Kiener A, Wubbolts M, Witholt B. 2001. Industrial biocatalysis today and tomorrow. *Nature* 409(6817):258-68

Scopes DA, Bautista JM, Naylor CE, Adams MJ, Mason PJ. 1998. Amino acid substitutions at the dimer interface of human glucose-6-phosphate dehydrogenase that increase thermostability and reduce the stabilising effect of NADP. *Eur. J Biochem.* 251(1-2):382-8

Setoyama C, Nishina Y, Mizutani H, Miyahara I, Hirotsu K, Kamiya N, Shiga K, Miura R. 2006. Engineering the substrate specificity of porcine kidney D-amino acid oxidase by mutagenesis of the "active-site lid". *J. Biochem.* 139(5):873-9

Shao Z, Arnold FH. 1996. Engineering new functions and altering existing functions. *Curr. Opin. Struct. Biol.* 6(4):513-8

Sheldon R. 1999. Enzymes. Picking a winner. *Nature* 399(6737):636-7

Slavica A, Dib I, Nidetzky B. 2005. Single-site oxidation, cysteine 108 to cysteine sulfinic acid, in D-amino acid oxidase from Trigonopsis variabilis and its structural and functional consequences. *Appl. Environ. Microbiol.* 71(12):8061-8

Smith PK, Krohn RI, Hermanson GT, Mallia AK, Gartner FH, Provenzano MD, Fujimoto EK, Goeke NM, Olson BJ, Klenk DC. 1985. Measurement of protein using bicinchoninic acid. *Anal. Biochem.* 150(1):76-85

Soto Suárez DA. 2003. Heterologe Expression und Charakterisierung einer rekombinanten Pyranose-Oxidase aus *Peniophora gigantea* sowie POx-Oberflächenexpression in *E. coli.*

Spadiut O, Leitner C, Salaheddin C, Varga B, Vertessy BG, Tan TC, Divne C, Haltrich D. 2009a. Improving thermostability and catalytic activity of pyranose 2-oxidase from Trametes multicolor by rational and semi-rational design. *FEBS J.* 276(3):776-92

Spadiut O, Leitner C, Tan TC, Ludwig R, Divne C, Haltrich D. 2007b. Mutations of Thr169 affect substrate specificity of pyranose 2-oxidase from *Trametes multicolor. Biocatalysis and Biotransformation* 26(1&2):120-7

Spadiut O, Leitner C, Tan TC, Ludwig R, Divne C, Haltrich D. 2007a. Mutations of Thr169 affect substrate specificity of pyranose 2-oxidase from *Trametes multicolor. Biocatalysis and Biotransformation* 26(1&2):120-7

Spadiut O, Leitner C, Tan TC, Ludwig R, Divne C, Haltrich D. 2007c. Mutations of Thr169 affect substrate specificity of pyranose 2-oxidase from *Trametes multicolor. Biocatalysis and Biotransformation* 26(1&2):120-7

Spadiut O, Leitner C, Tan TC, Ludwig R, Divne C, Haltrich D. 2008. Mutations of Thr169 affect substrate specificity of pyranose 2-oxidase from *Trametes multicolor. Biocatalysis and Biotransformation* 26(1&2):120-7

Spadiut O, Pisanelli I, Maischberger T, Peterbauer C, Gorton L, Chaiyen P, Haltrich D. 2009b. Engineering of pyranose 2-oxidase: Improvement for biofuel cell and food applications through semi-rational protein design. *J. Biotechnol.* 139(3):250-7

Stemmer WP. 1994. Rapid evolution of a protein in vitro by DNA shuffling. *Nature* 370(6488):389-91

Stoppok E, Matalla K, Buchholz K. 1992. Microbial modification of sugars as building blocks for chemicals. *Appl. Microbiol. Biotechnol.* 36(5):604-10

Strandberg L, Enfors SO. 1991. Factors influencing inclusion body formation in the production of a fused protein in Escherichia coli. *Appl. Environ. Microbiol.* 57(6):1669-74

Stryer L. 2003. *Biochemie.* Spektrum Akademischer Verlag.

Studier FW. 2005. Protein production by auto-induction in high density shaking cultures. *Protein Expr. Purif.* 41(1):207-34

Sun L, Petrounia IP, Yagasaki M, Bandara G, Arnold FH. 2001. Expression and stabilization of galactose oxidase in Escherichia coli by directed evolution. *Protein Eng* 14(9):699-704

Takagi M, Nishioka M, Kakihara H, Kitabayashi M, Inoue H, Kawakami B, Oka M, Imanaka T. 1997. Characterization of DNA polymerase from Pyrococcus sp. strain KOD1 and its application to PCR. *Appl. Environ. Microbiol.* 63(11):4504-10

Takakura Y, Kuwata S. 2003. Purification, characterization, and molecular cloning of a pyranose oxidase from the fruit body of the basidiomycete, Tricholoma matsutake. *Biosci. Biotechnol. Biochem.* 67(12):2598-607

Todone F, Vanoni MA, Mozzarelli A, Bolognesi M, Coda A, Curti B, Mattevi A. 1997. Active site plasticity in D-amino acid oxidase: a crystallographic analysis. *Biochemistry* 36(19):5853-60

Truesdale GA, Downing AL, Lowden GF. 1955. The solubility of oxygen in pure water and sea water. *J. Appl. Chem.*(5):53-62

Tse PH, Gough DA. 1987. Time-dependent inactivation of immobilized glucose oxidase and catalase. *Biotechnol. Bioeng.* 29(6):705-13

Tsumoto K, Ejima D, Kumagai I, Arakawa T. 2003. Practical considerations in refolding proteins from inclusion bodies. *Protein Expr. Purif.* 28(1):1-8

Tsumoto K, Umetsu M, Kumagai I, Ejima D, Philo JS, Arakawa T. 2004. Role of arginine in protein refolding, solubilization, and purification. *Biotechnol. Prog.* 20(5):1301-8

Tsybovsky YI, Shubenok DV, Stremovskiy OA, Deyev SM, Martsev SP. 2004. Folding and Stability of Chimeric Immunofusion VL-Barstar. *Biochemistry (Mosc.)* 69(9):939-48

Tulchin N, Ornstein L, Davis BJ. 1976. A microgel system for disc electrophoresis. *Anal. Biochem.* 72:485-90

Turner NJ. 1989. Recent advances in the use of enzyme-catalysed reactions in organic synthesis. *Nat. Prod. Rep.* 6(6):625-44

Vansteenkiste JF, Stroobants SG. 2001. The role of positron emission tomography with 18F-fluoro-2-deoxy-D-glucose in respiratory oncology. *Eur. Respir. J* 17(4):802-20

Vecerek B, Maresova H, Kocanova M, Kyslik P. 2004. Molecular cloning and expression of the pyranose 2-oxidase cDNA from Trametes ochracea MB49 in Escherichia coli. *Appl. Microbiol. Biotechnol.* 64(4):525-30

Volc J, Kubatova E, Sedmera P, Daniel G, Gabriel J. 1991. Pyranose oxidase and pyranosone dehydratase: enzymes responsible for conversion of D-glucose to cortalcerone by the basidiomycete *Phanerochaete chrysosporium. Arch. Microbiol.* 156:297-301

Volc J, Leitner C, Sedmera P, Halada P, Haltrich D. 1999. Enzymatic formation of dicarbonyl sugars: C-2 oxidation of 1-->6 disaccharides gentobiose, isomaltose and melibiose by pyranose-2-oxidase from *Trametes multicolor. J. Carbohydr. Chem.*(18):999-1007

Wang ZY, Shimonaga M, Muraoka Y, Kobayashi M, Nozawa T. 2001. Methionine oxidation and its effect on the stability of a reconstituted subunit of the light-harvesting complex from Rhodospirillum rubrum. *Eur. J. Biochem.* 268(12):3375-82

Webb N, Mulichak A, Lam J, Rocchetta H, Garavito R. Crystal structure of a tetrameric GDP-D-mannose 4,6-dehydratase from a bacterial GDP-D-rhamnose biosynthetic pathway. Protein Science 13, 529-539. 2004.
Ref Type: Journal (Full)

Weber K, Osborn M. 1969b. The reliability of molecular weight determinations by dodecyl sulfate-polyacrylamide gel electrophoresis. *J. Biol. Chem.* 244(16):4406-12

Weber K, Osborn M. 1969a. The reliability of molecular weight determinations by dodecyl sulfate-polyacrylamide gel electrophoresis. *J. Biol. Chem* 244(16):4406-12

Wei D, Li M, Zhang X, Xing L. 2004. An improvement of the site-directed mutagenesis method by combination of megaprimer, one-side PCR and DpnI treatment. *Anal. Biochem.* 331(2):401-3

Whiteside GM, Wong CH. Enzyme in der organischen Synthese. Angewandte Chemie 97, 617-638. 1985.
Ref Type: Journal (Full)

Wiechelman KJ, Braun RD, Fitzpatrick JD. 1988. Investigation of the bicinchoninic acid protein assay: identification of the groups responsible for color formation. *Anal. Biochem.* 175(1):231-7

Wierenga RK, Drenth J, Schulz GE. 1983. Comparison of the three-dimensional protein and nucleotide structure of the FAD-binding domain of p-hydroxybenzoate hydroxylase with the FAD- as well as NADPH-binding domains of glutathione reductase. *J. Mol. Biol.* 167(3):725-39

Wong TS, Roccatano D, Zacharias M, Schwaneberg U. 2006a. A statistical analysis of random mutagenesis methods used for directed protein evolution. *J. Mol. Biol.* 355(4):858-71

Wong TS, Zhurina D, Schwaneberg U. 2006b. The diversity challenge in directed protein evolution. *Comb. Chem. High Throughput. Screen.* 9(4):271-88

Wongtrakul J, Udomsinprasert R, Ketterman AJ. 2003. Non-active site residues Cys69 and Asp150 affected the enzymatic properties of glutathione S-transferase AdGSTD3-3. *Insect Biochem. Mol. Biol.* 33(10):971-9

Xu F, Golightly EJ, Fuglsang CC, Schneider P, Duke KR, Lam L, Christensen S, Brown KM, Jorgensen CT, Brown SH. 2001. A novel carbohydrate:acceptor oxidoreductase from Microdochium nivale. *Eur. J. Biochem.* 268(4):1136-42

Yang XM, Xu L, Eppstein L. 1992. Production of recombinant human interferon-alpha 1 by Escherichia coli using a computer-controlled cultivation process. *J. Biotechnol.* 23(3):291-301

Yazdani SS, Shakri AR, Chitnis CE. 2004. A high cell density fermentation strategy to produce recombinant malarial antigen in E. coli. *Biotechnol. Lett.* 26(24):1891-5

Zamocky M, Hallberg M, Ludwig R, Divne C, Haltrich D. 2004. Ancestral gene fusion in cellobiose dehydrogenases reflects a specific evolution of GMC oxidoreductases in fungi. *Gene* 338(1):1-14

Zehr BD, Savin TJ, Hall RE. 1989. A one-step, low background coomassie staining procedure for polyacrylamide gels. *Anal. Biochem.* 182(1):157-9

Zhang W, Huang Y, Dai H, Wang X, Fan C, Li G. 2004. Tuning the redox and enzymatic activity of glucose oxidase in layered organic films and its application in glucose biosensors. *Anal. Biochem.* 329(1):85-90

Zhao H, Giver L, Shao Z, Affholter JA, Arnold FH. 1998. Molecular evolution by staggered extension process (StEP) in vitro recombination. *Nat. Biotechnol.* 16(3):258-61

Zhao H, Li Y, Arnold FH. 1996. Strategy for the directed evolution of a peptide ligase. *Ann. N. Y. Acad. Sci.* 799:1-5

VIII Anhang

1 Verwendete Vektoren

1.1 Expressionsvektor pET-24a(+)

pET-24a(+) sequence landmarks	
T7 promoter	311-327
T7 transcription start	310
T7•Tag coding sequence	207-239
Multiple cloning sites	
(*Bam*H I - *Xho* I)	158-203
His•Tag coding sequence	140-157
T7 terminator	26-72
lacI coding sequence	714-1793
pBR322 origin	3227
Kan coding sequence	3936-4748
f1 origin	4844-5299

The maps for pET-24b(+), pET-24c(+) and pET-24d(+) are the same as pET-24a(+) (shown) with the following exceptions: pET-24b(+) is a 5309bp plasmid; subtract 1bp from each site beyond *Bam*H I at 198. pET-24c(+) is a 5308bp plasmid; subtract 2bp from each site beyond *Bam*H I at 198. pET-24d(+) is a 5307bp plasmid; the *Bam*H I site is in the same reading frame as in pET-24c(+). An *Nco* I site is substituted for the *Nde* I site with a net 1bp deletion at position 238 of pET-24c(+). As a result, *Nco* I cuts pET24d(+) at 234, and *Nhe* I cuts at 229. For the rest of the sites, subtract 3bp from each site beyond position 239 in pET-24a(+). *Nde* I does not cut pET-24d(+). Note also that *Sty* I is not unique in pET-24d(+).

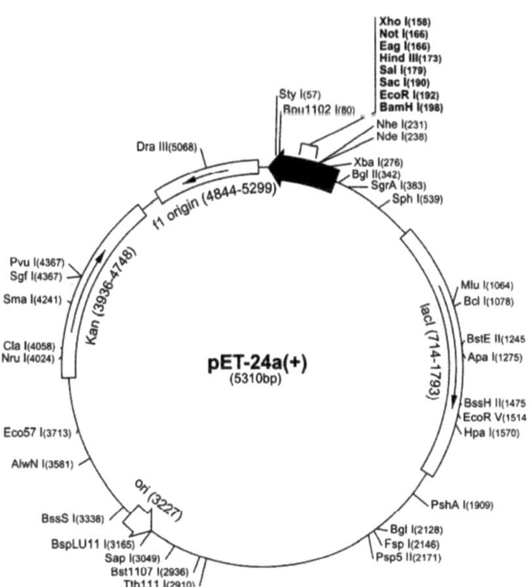

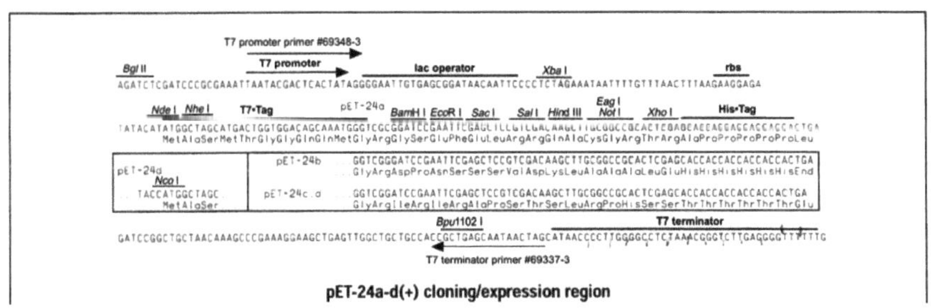

Abbildung 55: Vektorkarte von pET-24a(+) (Novagen).

2 DNA- und Proteinstandards

2.1 GeneRuler™ 1kb DNA Leiter

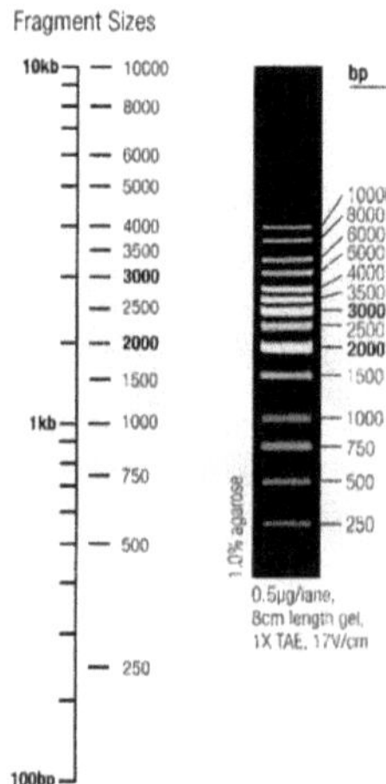

Abbildung 56: GeneRuler™ 1kb DNA Leiter

2.2 Dual Color Protein-Marker

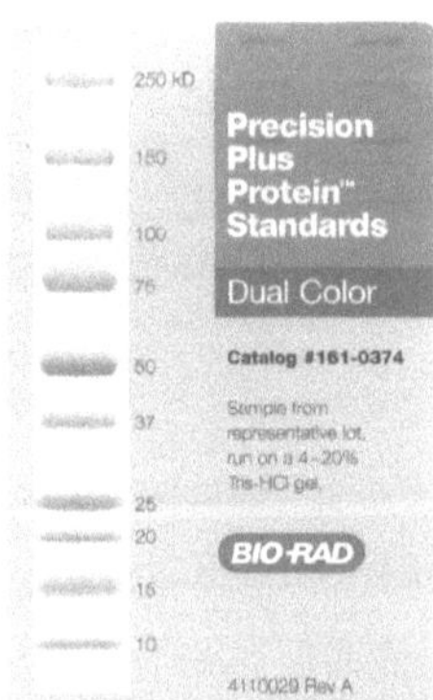

Abbildung 57: Protein-Marker Dual Color für SDS-PAGE (Precision Plus ProteinTM Standards Dual Color-Kit).

2.3 Protein-Marker für isoelektrische Fokussierung

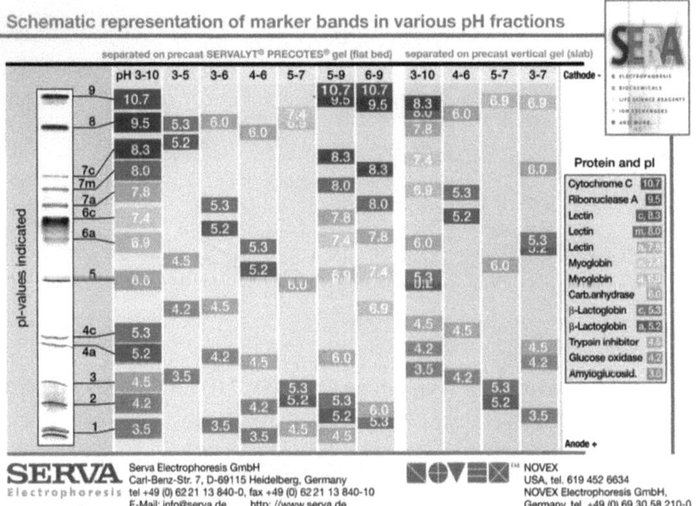

Abbildung 58: Protein-Marker Servalyt® Precotes® 3-10 für die isoelektrische Fokussierung (Serva).

3 Lineweaver-Burk-Diagramme

3.1 Lineweaver-Burk-Diagramme von P2OxB1H

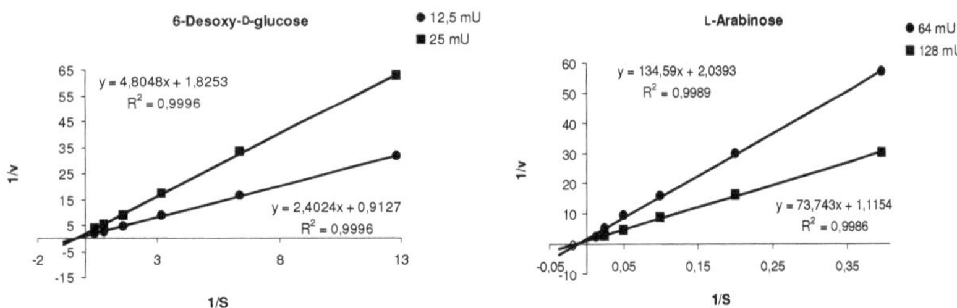

Abbildung 59: Lineweaver-Burk-Diagramme von P2OxB1H für 6-Desoxy-D-glucose und L-Arabinose.

3.2 Lineweaver-Burk-Diagramme von P2OxB2H

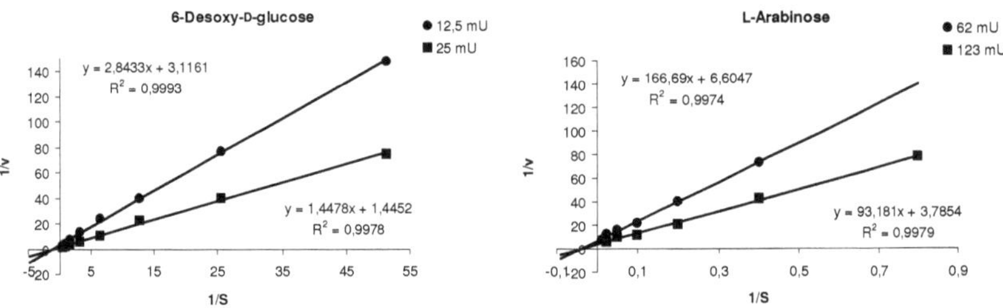

Abbildung 60: Lineweaver-Burk-Diagramme von P2OxB2H für 6-Desoxy-D-glucose und L-Arabinose.

3.3 Lineweaver-Burk-Diagramme von P2OxB3H (P2OxB2H N71Y)

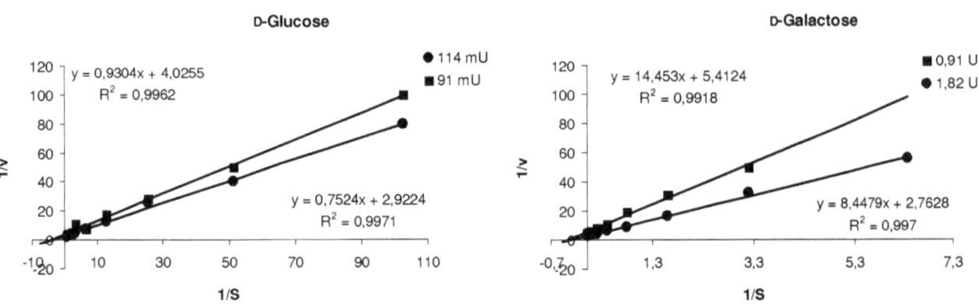

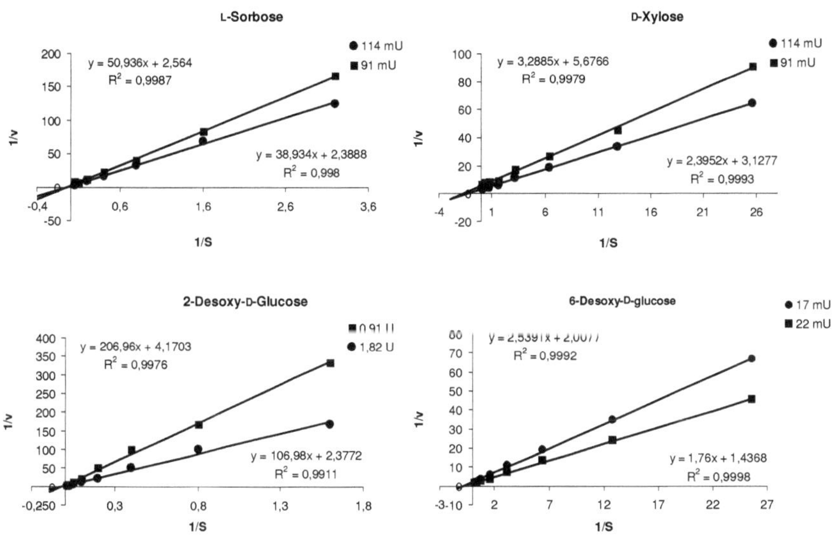

Abbildung 61: Lineweaver-Burk-Diagramme von P2OxB3H für D-Glucose, D-Galactose, L-Sorbose, D-Xylose, 2-Desoxy-D-glucose und 6-Desoxy-D-glucose.

3.4 Lineweaver-Burk-Diagramme von P2OxB2H1

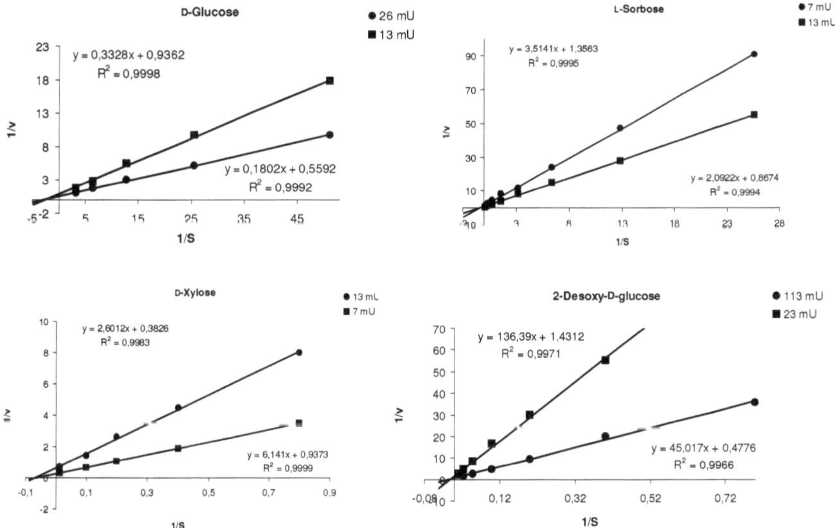

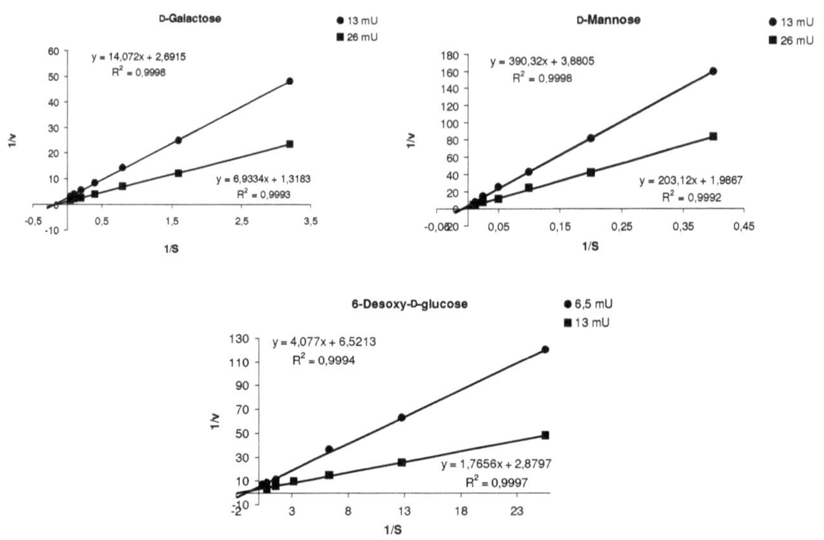

Abbildung 62: Lineweaver-Burk-Diagramme von P2OxB2H1 für D-Glucose, L-Sorbose, D-Xylose, 2-Desoxy-D-glucose, D-Galactose, D-Mannose und 6-Desoxy-D-glucose.

3.5 Lineweaver-Burk-Diagramme von P2OxB2H-A590P

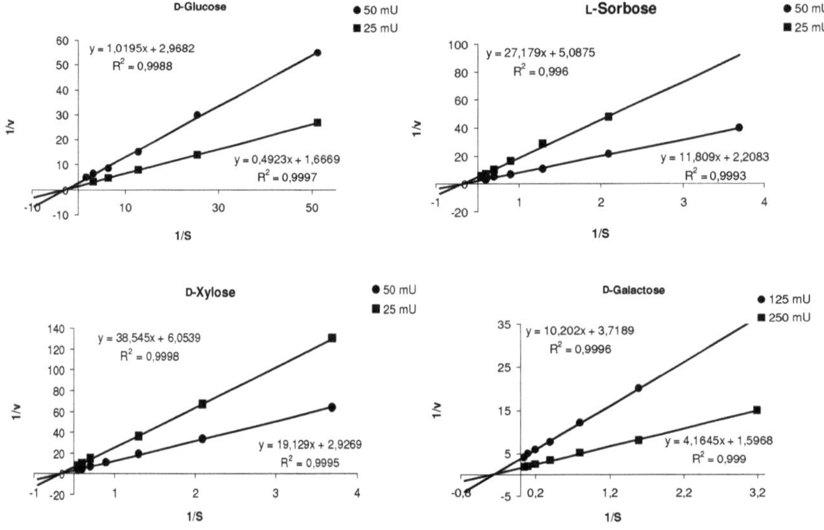

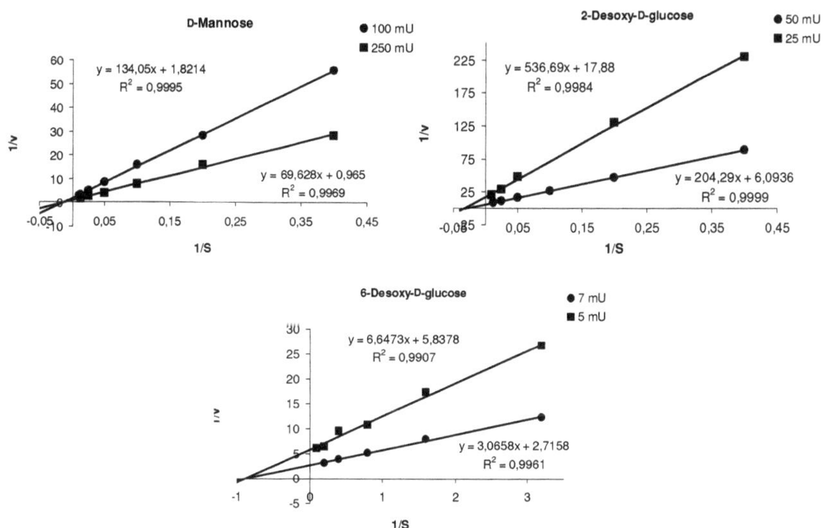

Abbildung 63: Lineweaver-Burk-Diagramme von P2OxB2H-A590P für D-Glucose, L-Sorbose, D-Xylose, D-Galactose, D-Mannose, 2-Desoxy-D-glucose und 6-Desoxy-D-glucose.

3.6 Lineweaver-Burk-Diagramme von P2OxB2H-S456H

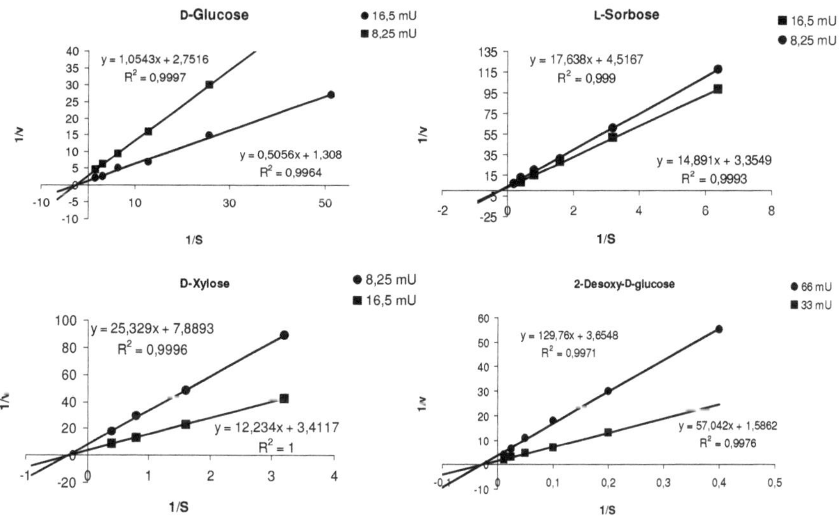

Abbildung 64: Lineweaver-Burk-Diagramme von P2OxB2H-S456H für D-Glucose, L-Sorbose, D-Xylose und 2-Desoxy-D-glucose.

3.7 Lineweaver-Burk-Diagramme von P2OxB2H-S456N

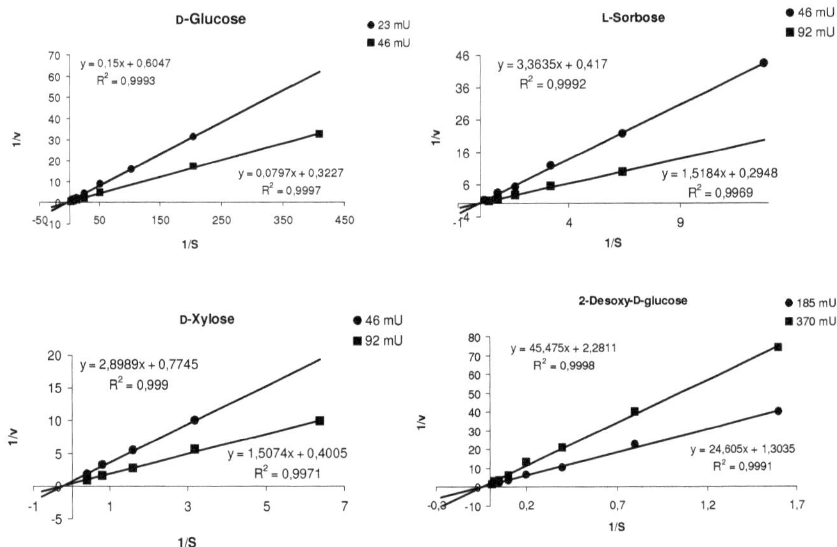

Abbildung 65: Lineweaver-Burk-Diagramme von P2OxB2H-S456N für D-Glucose, L-Sorbose, D-Xylose und 2-Desoxy-D-glucose.

3.8 Lineweaver-Burk-Diagramme von P2OxB2H-S456C

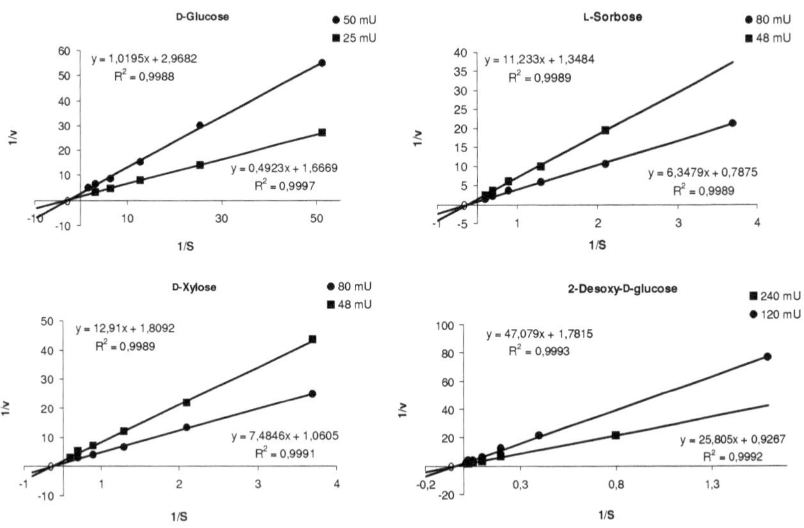

Abbildung 66: Lineweaver-Burk-Diagramme von P2OxB2H-S456C für D-Glucose, L-Sorbose, D-Xylose und 2-Desoxy-D-glucose.

3.9 Lineweaver-Burk-Diagramme von P2OxB2H-S456G

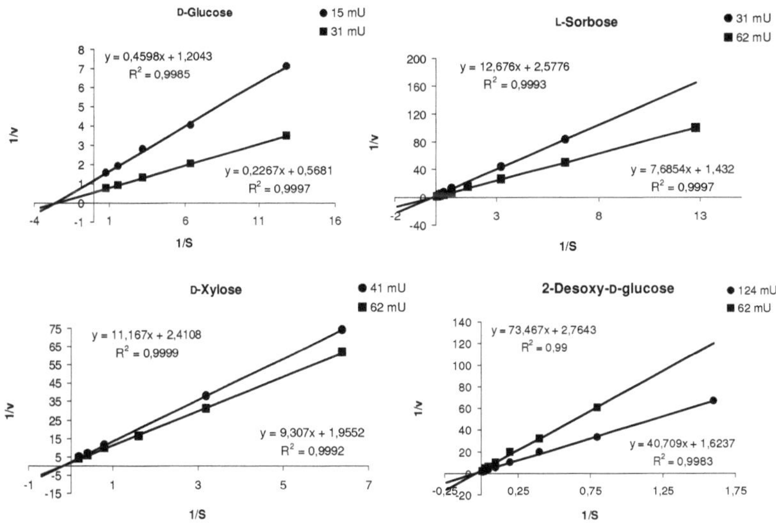

Abbildung 67: Lineweaver-Burk-Diagramme von P2OxB2H-S456G für D-Glucose, L-Sorbose, D-Xylose und 2-Desoxy-D-glucose.

3.10 Lineweaver-Burk-Diagramme von P2OxB2H-S456H-A590P

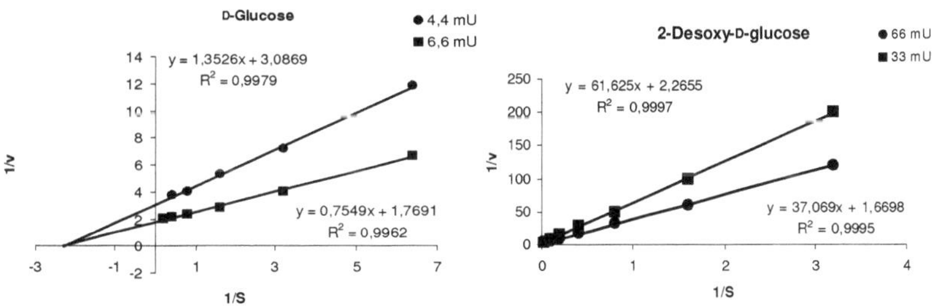

Abbildung 68: Lineweaver-Burk-Diagramme von P2OxB2H-S456H-A590P für D-Glucose und 2-Desoxy-D-glucose.

3.11 Lineweaver-Burk-Diagramme von P2OxB2H-S456N-A590P

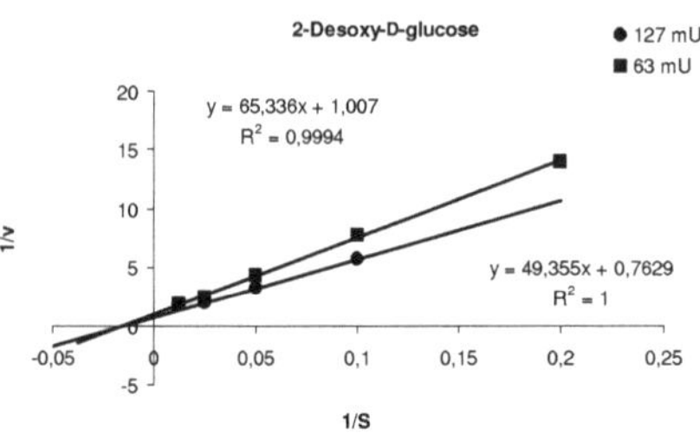

Abbildung 69: Lineweaver-Burk-Diagramm von P2OxB2H-S456N-A590P für 2-Desoxy-D-glucose.

3.12 Lineweaver-Burk-Diagramme von P2OxB2H-S456C-A590P

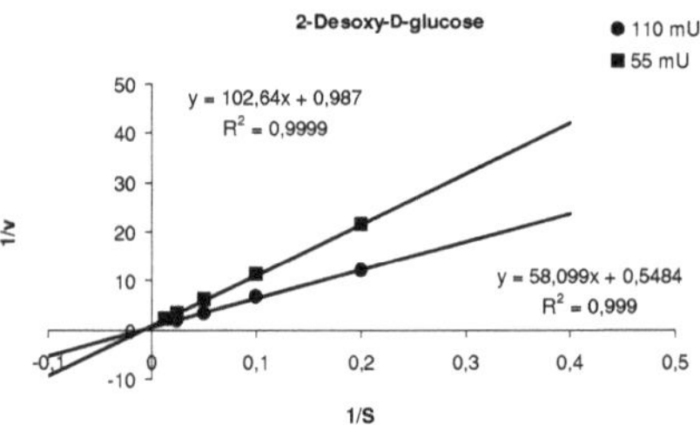

Abbildung 70: Lineweaver-Burk-Diagramme von P2OxB2H-S456C-A590P für D-Glucose und 2-Desoxy-D-glucose.

3.13 Lineweaver-Burk-Diagramme von P2OxB2H-S456G-A590P

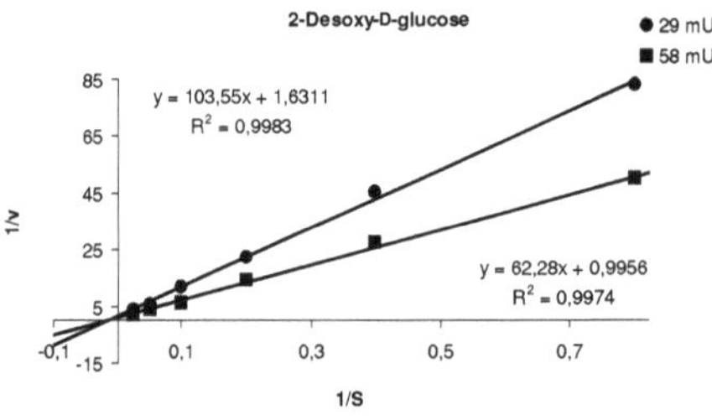

Abbildung 71: Lineweaver-Burk-Diagramm von P2OxB2H-S456G-A590P für 2-Desoxy-D-glucose.

3.14 Lineweaver-Burk-Diagramme von P2OxB2H-S456H-N71Y

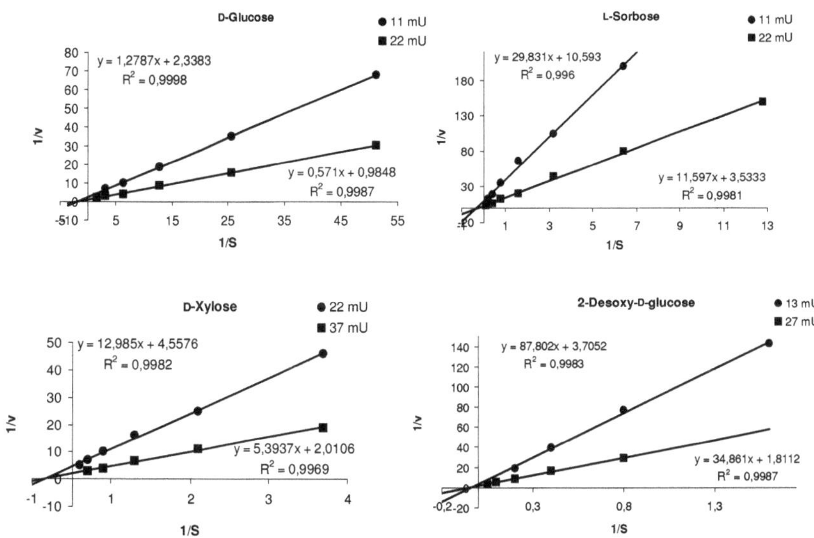

Abbildung 72: Lineweaver-Burk-Diagramme von P2OxB2H-S456H-N71Y für D-Glucose, L-Sorbose, D-Xylose und 2-Desoxy-D-glucose.

3.15 Lineweaver-Burk-Diagramme von P2OxB2H-S456N-N71Y

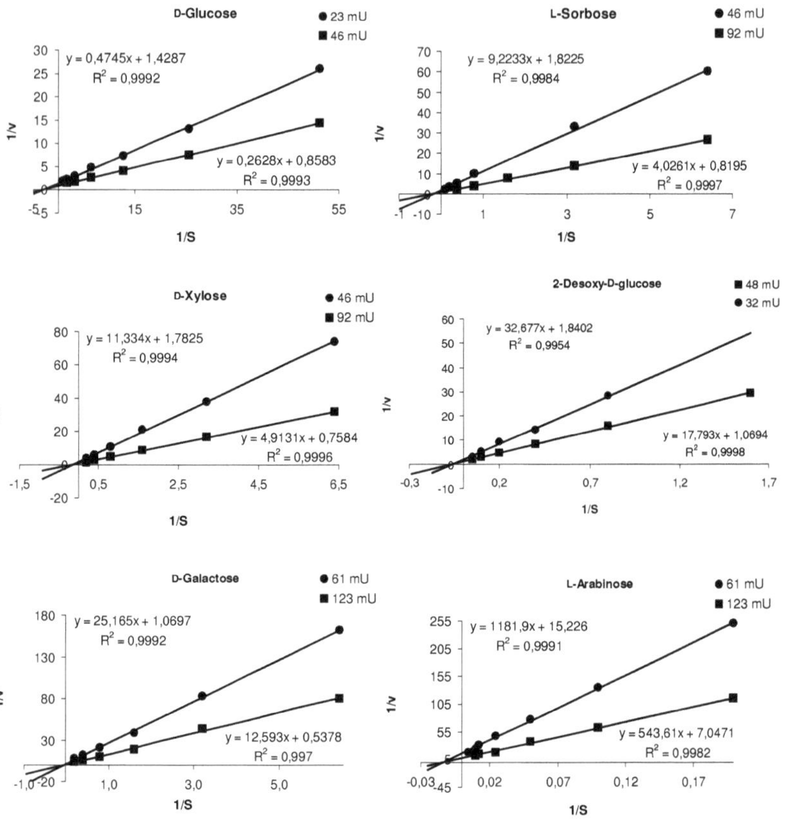

Abbildung 73: Lineweaver-Burk-Diagramme von P2OxB2H-S456N-N71Y für D-Glucose L-Sorbose, D-Xylose, 2-Desoxy-D-glucose, D-Galactose und L-Arabinose.

3.16 Lineweaver-Burk-Diagramme von P2OxB2H-S456C-N71Y

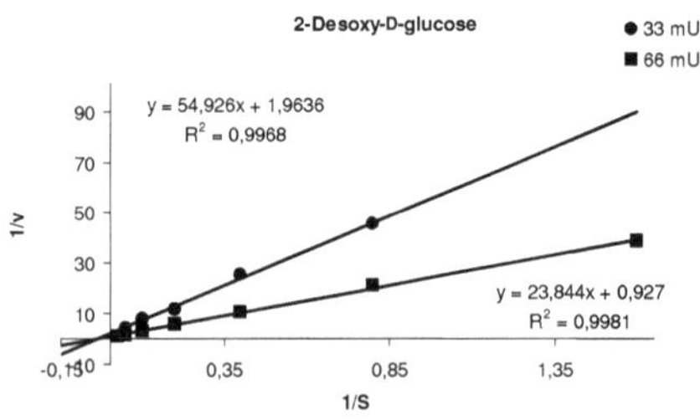

Abbildung 74: Lineweaver-Burk-Diagramme von P2OxB2H-S456C-N71Y für 2-Desoxy-D-glucose.

3.17 Lineweaver-Burk-Diagramme von P2OxB2H-S456G-N71Y

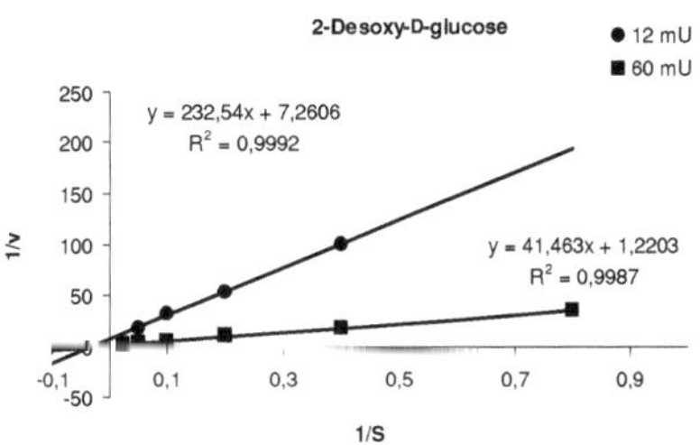

Abbildung 75: Lineweaver-Burk-Diagramme von P2OxB2H-S456G-N71Y für 2-Desoxy-D-glucose.

3.18 Lineweaver-Burk-Diagramme von P2OxB2H-M164Q

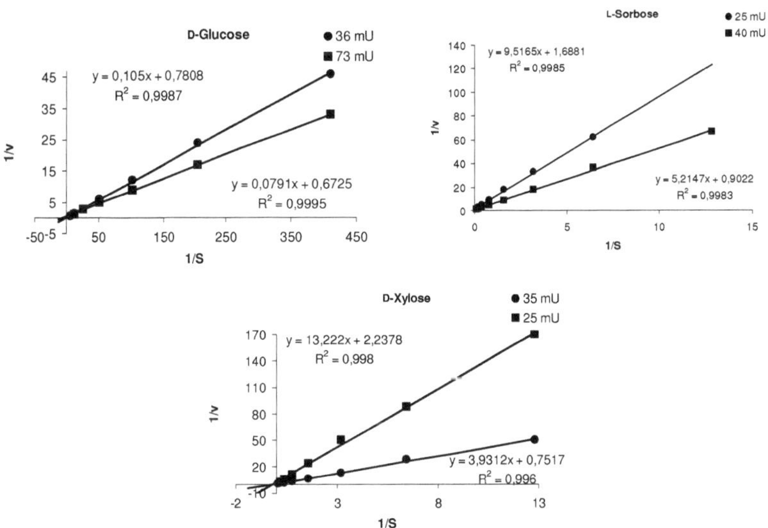

Abbildung 76: Lineweaver-Burk-Diagramme von P2OxB2H-M164Q für D-Glucose, L-Sorbose, und D-Xylose.

3.19 Lineweaver-Burk-Diagramme von P2OxB2H-Mut1

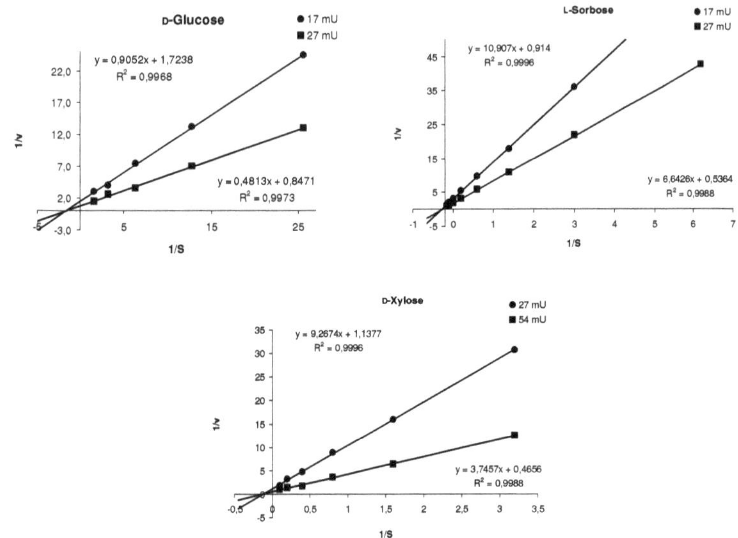

Abbildung 77: Lineweaver-Burk-Diagramme von P2OxB2H-Mut1 für D-Glucose, L-Sorbose, und D-Xylose.

3.20 Lineweaver-Burk-Diagramme von P2OxB2H-Mut2

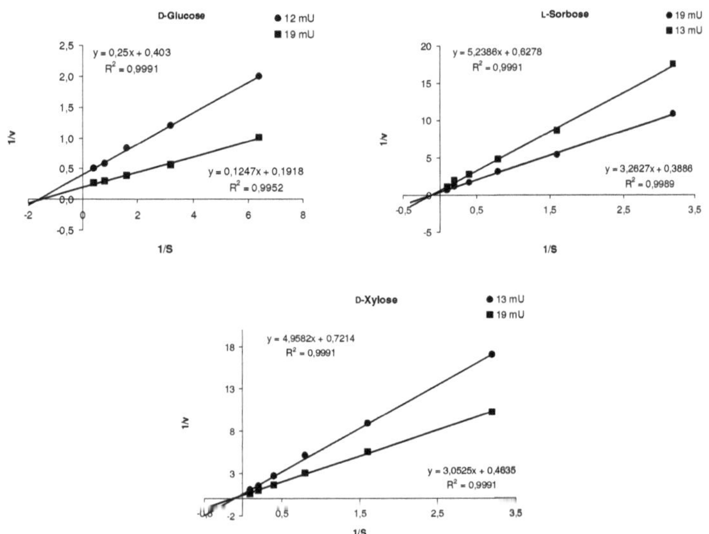

Abbildung 78: Lineweaver-Burk-Diagramme von P2OxB2H-Mut2 für D-Glucose, L-Sorbose, und D-Xylose.

3.21 Lineweaver-Burk-Diagramme von P2OxB2H-Hydro1

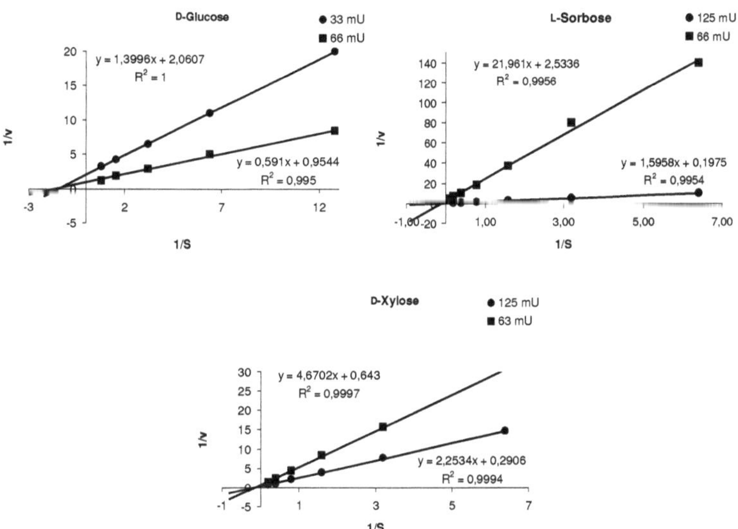

Abbildung 79: Lineweaver-Burk-Diagramme von P2OxB2H-Hydro1 für D-Glucose, L-Sorbose und D-Xylose.

3.22 Lineweaver-Burk-Diagramme von P2OxB2H-Hydro2

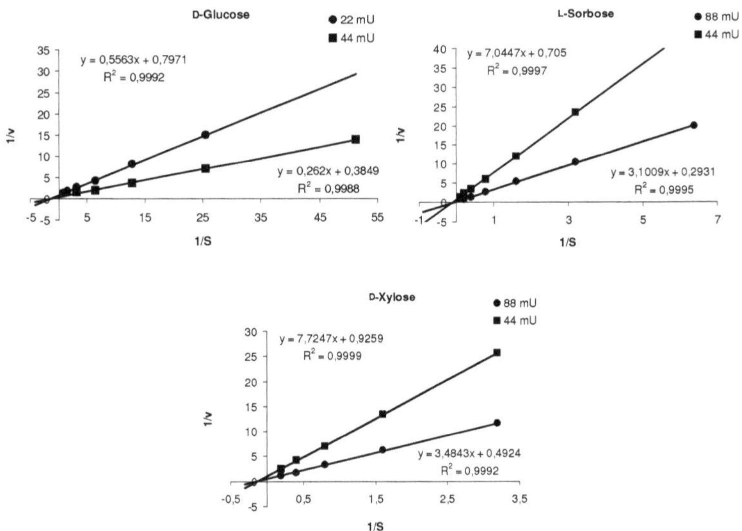

Abbildung 80: Lineweaver-Burk-Diagramme von P2OxB2H-Hydro2 für D-Glucose, L-Sorbose und D-Xylose.

3.23 Lineweaver-Burk-Diagramme von P2OxB2H-Hydro3

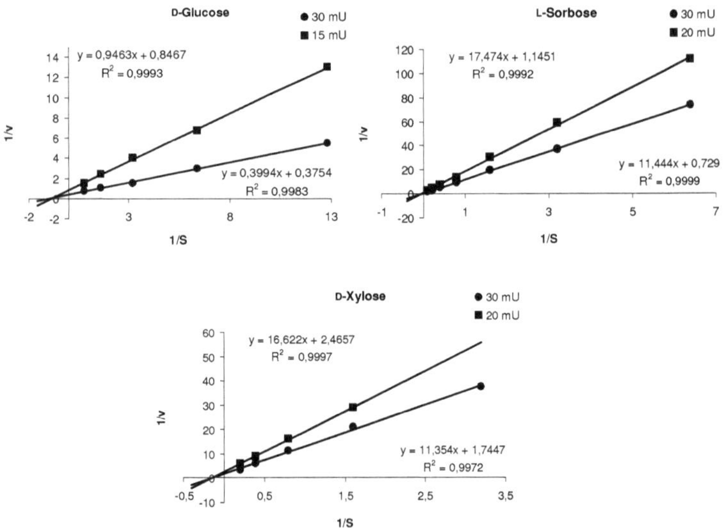

Abbildung 81: Lineweaver-Burk-Diagramme von P2OxB2H-Hydro3 für D-Glucose, L-Sorbose und D-Xylose.

3.24 Lineweaver-Burk-Diagramme von P2OxB2H-Hydro4

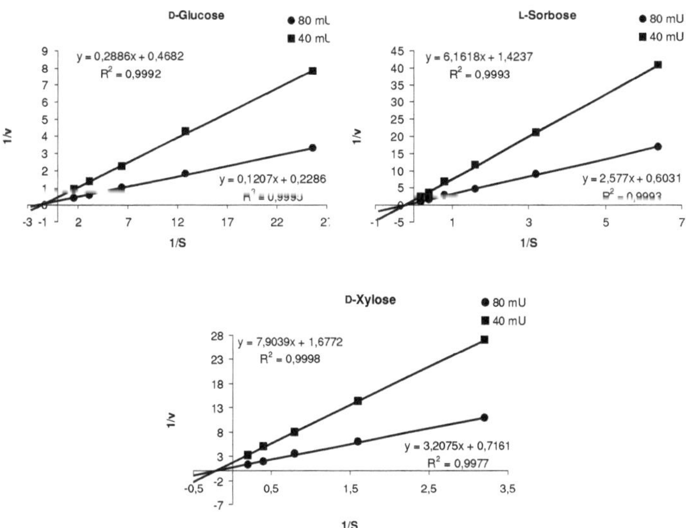

Abbildung 82: Lineweaver-Burk-Diagramme von P2OxB2H-Hydro4 für D-Glucose, L-Sorbose und D-Xylose.

3.25 Lineweaver-Burk-Diagramme von P2OxB2H-Hydro6

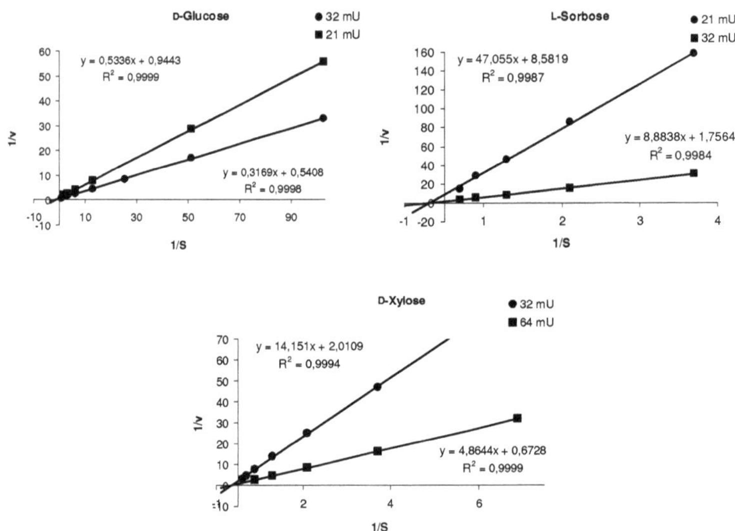

Abbildung 83: Lineweaver-Burk-Diagramme von P2OxB2H-Hydro6 für D-Glucose, L-Sorbose und D-Xylose.

3.26 Lineweaver-Burk-Diagramme von P2OxB2H-epVIA4

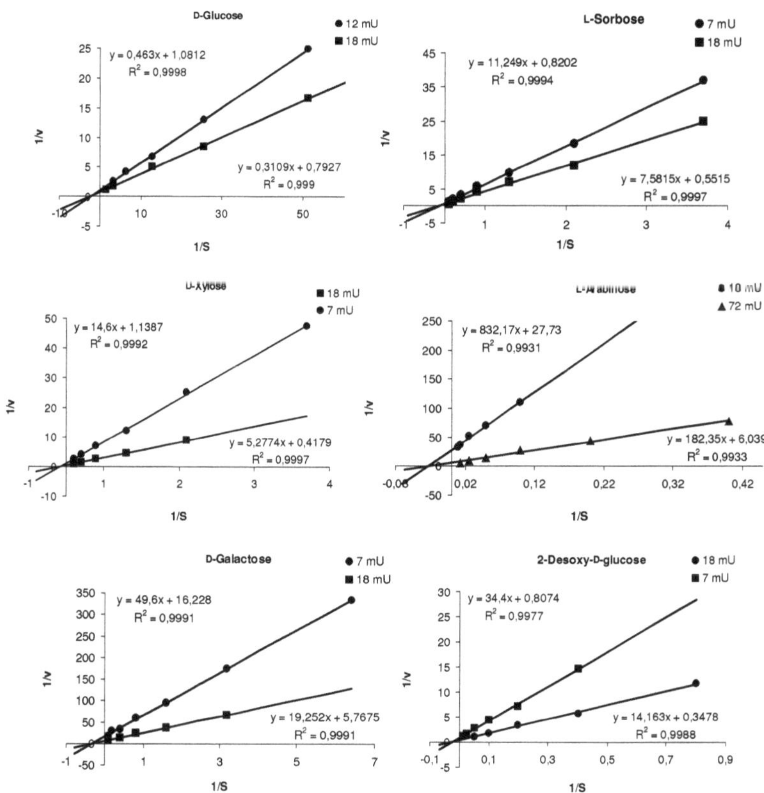

Abbildung 84: Lineweaver-Burk-Diagramme von P2OxB2H-epVIA4 für D-Glucose, L-Sorbose, D-Xylose, L-Arabinose, D-Galactose und 2-Desoxy-D-glucose.

3.27 Lineweaver-Burk-Diagramme von P2OxB2H-epVIB2

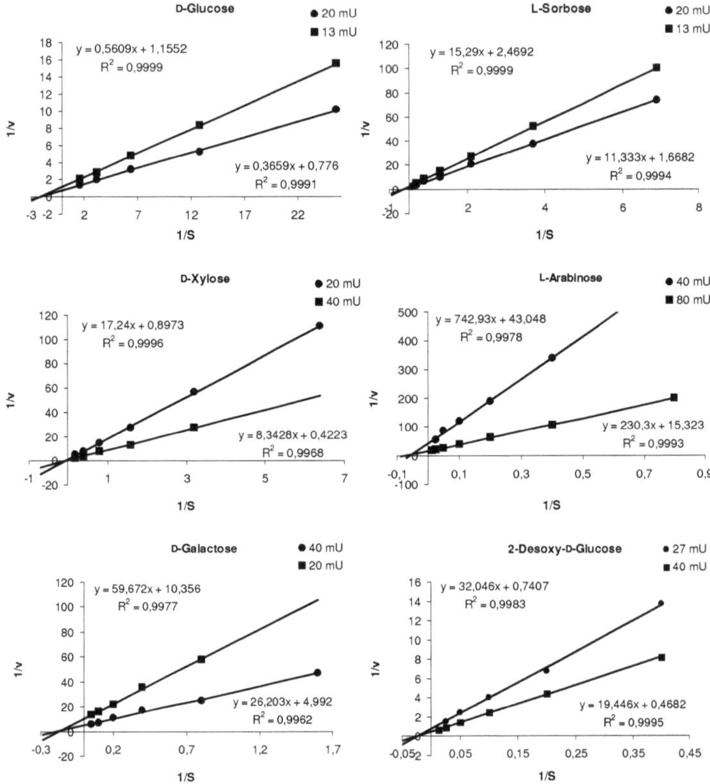

Abbildung 85: Lineweaver-Burk-Diagramme von P2OxB2H-epVIB2 für D-Glucose, L-Sorbose, D-Xylose, L-Arabinose, D-Galactose und 2-Desoxy-D-glucose.

3.28 Lineweaver-Burk-Diagramme von P2OxB2H-T169G

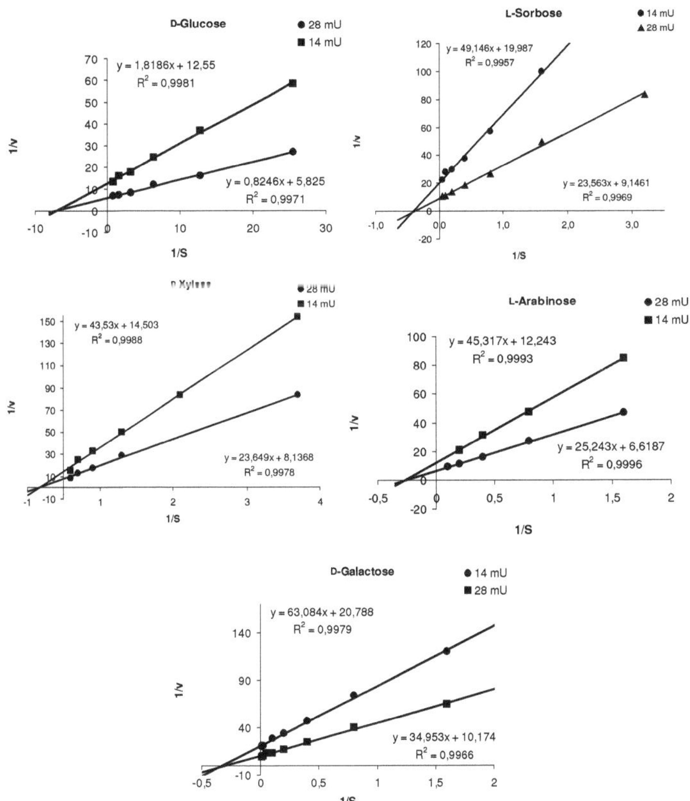

Abbildung 86: Lineweaver-Burk-Diagramme von P2OxB2H-T169G für D-Glucose, L-Sorbose, D-Xylose, L-Arabinose und D-Galactose.

3.29 Lineweaver-Burk-Diagramme von P2OxB2H-T169S

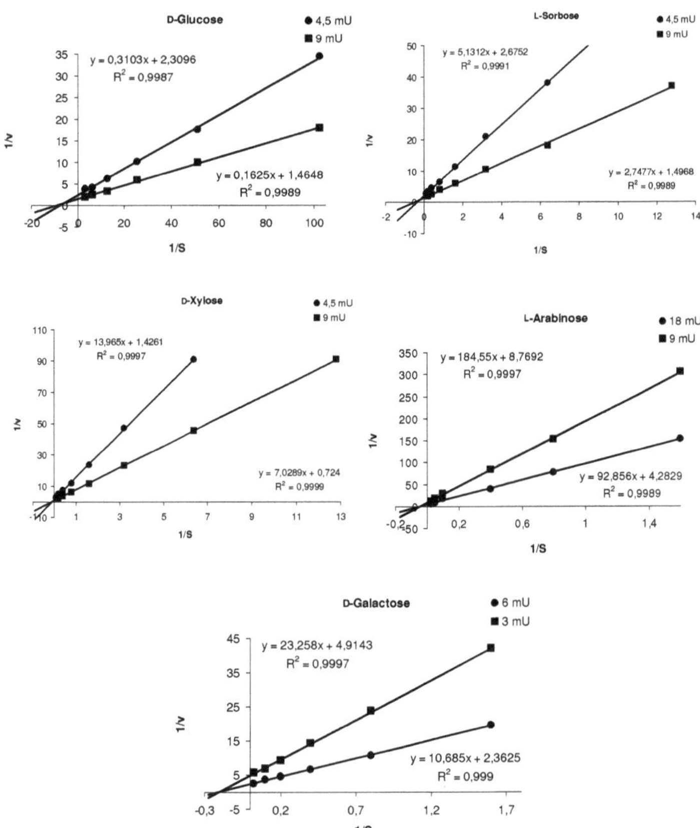

Abbildung 87: Lineweaver-Burk-Diagramme von P2OxB2H-T169S für D-Glucose, L-Sorbose, D-Xylose, L-Arabinose und D-Galactose.

4 Reinigungstabellen

Soweit nicht anders angegeben beziehen sich die Reinigungstabellen auf eine Schüttelkultur von 250 ml Komplexmedium im 1 L-Erlenmeyerkolben. Die Aktivitätsbestimmungen erfolgten mit dem ABTS-Standardtest (vgl. Kapitel II19).

4.1 Kombinationsvarianten aus dem CASTing

Tabelle 57: Reinigungstabelle der P2OxB2H-S456H-N71Y

	Gesamtaktivität [U]	Gesamtprotein [mg]	Spez. Aktivität [U/mg]	Ausbeute [%]	Anreicherung [-fach]
Rohextrakt	122	142	0,9	100	1
Hitzefällung	33	55	0,6	27	0,7
Ni-Sepharose	32	2,2	**14,5**	26	17

Tabelle 58: Reinigungstabelle der P2OxB2H-S456N-N71Y

	Gesamtaktivität [U]	Gesamtprotein [mg]	Spez. Aktivität [U/mg]	Ausbeute [%]	Anreicherung [-fach]
Rohextrakt	150	188	0,8	100	1
Hitzefällung	61	62	1,0	41	1,2
Ni-Sepharose	58	2,3	**25,4**	39	32

Tabelle 59: Reinigungstabelle der P2OxB2H-S456C-N71Y

	Gesamtaktivität [U]	Gesamtprotein [mg]	Spez. Aktivität [U/mg]	Ausbeute [%]	Anreicherung [-fach]
Rohextrakt	190	198	0,96	100	1
Hitzefällung	102	105	0,97	54	1
Ni-Sepharose	80	3,5	**22,7**	42	24

Tabelle 60: Reinigungstabelle der P2OxB2H-S456G-N71Y

	Gesamtaktivität [U]	Gesamtprotein [mg]	Spez. Aktivität [U/mg]	Ausbeute [%]	Anreicherung [-fach]
Rohextrakt	90	172	0,5	100	1
Hitzefällung	20	72	0,3	22	0,5
Ni-Sepharose	18	1,9	**9,5**	20	18

Tabelle 61: Reinigungstabelle der P2OxB2H-S456H-A590P

	Gesamtaktivität [U]	Gesamtprotein [mg]	Spez. Aktivität [U/mg]	Ausbeute [%]	Anreicherung [-fach]
Rohextrakt	38	174	0,2	100	1
Hitzefällung	34	116	0,3	89	1,3
Ni-Sepharose	20	1,5	**13,3**	52	60

Tabelle 62: Reinigungstabelle der P2OxB2H-S456N-A590P

	Gesamtaktivität [U]	Gesamtprotein [mg]	Spez. Aktivität [U/mg]	Ausbeute [%]	Anreicherung [-fach]
Rohextrakt	104	185	0,6	100	1
Hitzefällung	78	109	0,7	75	1,3
Ni-Sepharose	38	2,7	**14,0**	36	25

Tabelle 63: Reinigungstabelle der P2OxB2H-S456C-A590P

	Gesamtaktivität [U]	Gesamtprotein [mg]	Spez. Aktivität [U/mg]	Ausbeute [%]	Anreicherung [-fach]
Rohextrakt	132	97	1,4	100	1
Hitzefällung	144	44	3,3	109	2
Ni-Sepharose	66	2,7	**24,9**	50	18

Tabelle 64: Reinigungstabelle der P2OxB2H-S456G-A590P

	Gesamtaktivität [U]	Gesamtprotein [mg]	Spez. Aktivität [U/mg]	Ausbeute [%]	Anreicherung [-fach]
Rohextrakt	63	113	0,6	100	1
Hitzefällung	63	78	0,8	100	1,4
Ni-Sepharose	35	1,7	**20,6**	56	37

4.2 Rationales Design an Threonin 169

Tabelle 65: Reinigungstabelle der P2OxB2H-T169A

	Gesamtaktivität [U]	Gesamtprotein [mg]	Spez. Aktivität [U/mg]	Ausbeute [%]	Anreicherung [-fach]
Rohextrakt	0,3	101	0,003	100	1
Hitzefällung	0,3	89	0,003	97	1,1
Ni-Sepharose	0,2	1,2	**0,17**	67	58

Tabelle 66: Reinigungstabelle der P2OxB2H-T169G

	Gesamtaktivität [U]	Gesamtprotein [mg]	Spez. Aktivität [U/mg]	Ausbeute [%]	Anreicherung [-fach]
Rohextrakt	16	106	0,2	100	1
Hitzefällung	15	84	0,2	94	1,2
Ni-Sepharose	8,3	1,5	**5,7**	52	38

Tabelle 67: Reinigungstabelle der P2OxB2H-T169S

	Gesamtaktivität [U]	Gesamtprotein [mg]	Spez. Aktivität [U/mg]	Ausbeute [%]	Anreicherung [-fach]
Rohextrakt	12	112	0,1	100	1
Hitzefällung	10	77	0,1	83	1,2
Ni-Sepharose	5,2	1,4	**3,8**	43	35

4.3 Verbesserung der Enzymlöslichkeit

Tabelle 68: Reinigungstabelle der P2OxB2H-Mut1

	Gesamtaktivität [U]	Gesamtprotein [mg]	Spez. Aktivität [U/mg]	Ausbeute [%]	Anreicherung [-fach]
Rohextrakt	95	146	0,7	100	1
Hitzefällung	87	57	1,5	92	2,3
Ni-Sepharose	80	3,6	**22,5**	84	35

Tabelle 69: Reinigungstabelle der P2OxB2H-Mut2

	Gesamtaktivität [U]	Gesamtprotein [mg]	Spez. Aktivität [U/mg]	Ausbeute [%]	Anreicherung [-fach]
Rohextrakt	79	132	0,6	100	1
Hitzefällung	72	58	1,3	91	2,1
Ni-Sepharose	56	3,9	**14,4**	71	24

Tabelle 70: Reinigungstabelle der P2OxB2H-Hydro1

	Gesamtaktivität [U]	Gesamtprotein [mg]	Spez. Aktivität [U/mg]	Ausbeute [%]	Anreicherung [-fach]
Rohextrakt	78	102	0,8	100	1
Hitzefällung	63	98	0,6	81	0,8
Ni-Sepharose	50	1,35	**37,0**	64	48

Tabelle 71: Reinigungstabelle der P2OxB2H-Hydro2

	Gesamtaktivität [U]	Gesamtprotein [mg]	Spez. Aktivität [U/mg]	Ausbeute [%]	Anreicherung [-fach]
Rohextrakt	63	99	0,6	100	1
Hitzefällung	55	82	0,7	87	1,1
Ni-Sepharose	53	2,1	**24,9**	84	39

Tabelle 72: Reinigungstabelle der P2OxB2H-Hydro3

	Gesamtaktivität [U]	Gesamtprotein [mg]	Spez. Aktivität [U/mg]	Ausbeute [%]	Anreicherung [-fach]
Rohextrakt	31	105	0,3	100	1
Hitzefällung	23	93	0,2	74	0,8
Ni-Sepharose	18	1,8	**10,1**	58	34

Tabelle 73: Reinigungstabelle der P2OxB2H-Hydro4

	Gesamtaktivität [U]	Gesamtprotein [mg]	Spez. Aktivität [U/mg]	Ausbeute [%]	Anreicherung [-fach]
Rohextrakt	80	122	0,7	100	1
Hitzefällung	70	89	0,8	88	1,2
Ni-Sepharose	48	3,0	**15,9**	60	24

Tabelle 74: Reinigungstabelle der P2OxB2H-Hydro6

	Gesamtaktivität [U]	Gesamtprotein [mg]	Spez. Aktivität [U/mg]	Ausbeute [%]	Anreicherung [-fach]
Rohextrakt	83	130	0,6	100	1
Hitzefällung	75	92	0,8	90	1,3
Ni-Sepharose	48	3,3	**14,4**	58	23

5 Abkürzungsverzeichnis

Δ	Differenz
ΔE	Extinktionsdifferenz
µg	Mikrogramm
µl	Mikroliter
µM	Mikromolar
µS	Mikrosiemens
A	Adenin oder Alanin
Å	Angström
ABTS	2,2'-Azino-bis(3-ethyl-benzathia-zolin-6-sulfonsäure)
Ala	Alanin
Amp	Ampicillin
APS	Ammoniumpersulfat
Arg	Arginin
Asn	Asparagin
Asp	Asparaginsäure
AU (a.u.)	Absorptionseinheiten
BCA	Bicinchoninsäure
bp	Basenpaare
BSA	Rinderserumalbumin
Bzgl.	Bezüglich
C	Cystein oder Cytosin
°C	Grad Celsius
Cm	Zentimeter
CIA	Chloroform-Isoamylalkohol
C-Terminus	Carboxylterminus
cv	Column volume (Säulenvolumen)
Cys	Cystein
D	Asparaginsäure
Da	Dalton
DC	Dünnschichtchromatographie
dATP	Desoxyadensintriphosphat
dNTP's	Desoxyribo nukleotidtriphosphat
deion.	Deionisiert
dGTP	Desoxyguanosintriphosphat
H_2O_{deion}	deionisiertes Wasser
H_2O_{dd}	deionisiertes, destilliertes, autoklaviertes Wasser
DMF	Dimethylformamid
DMSO	Dimethylsulfoxid
DNA	Desoxyribonukleinsäure
DNase	Desoxyribonuklease
DTT	Dithiothreitol
E	Glutaminsäure
E. coli	*Escherichia coli*
EDTA	Ethylendiamintetraacetat
EtOH	Ethanol
ε	Extinktionskoeffizient
F	Phenylalanin
f oder for	forward (Primerrichtung)
FAD	Flavin-Adenin-Dinukleotid
g	Gramm
G	Guanin oder Glycin
Gln	Glutamin
Glu	Glutaminsäure
Gly	Glycin
h	Stunde
H/ His	Histidin
His_6	Poly(6)-Histidin-Rest
HPLC	High Performance Liquid Chromatography (Hochleistungsflüssig-chromatographie
I/ Ile	Isoleucin
IBs	*Inclusion bodies* (Proteinaggregate)
IEF	isoelektrische Fokussierung
IP, pI	isoelektrischer Punkt
IPTG	Isopropylthiogalactosid
K	Lysin
Kan	Kanamycin
kb	Kilobasen
kbp	Kilobasenpaare

k_{cat}	*turnover number* (Wechselzahl)
kDa	Kilodalton
K_m	Michaelis-Menten-Konstante
L	Liter
L/ Leu	Leucin
LB	Lauria-Bertani
Lsg	Lösung
Lys	Lysin
M	Molar o. Methionin
mA	Milliampere
MALDI	*Matrix Assisted Laser Desorption/ Ionisation*
mAU	Milliabsorption Units
TBS	*Tris-bufferd-saline*
MetOH	Methanol
Met	Methionin
mg	Milligramm
min	Minuten
ml	Milliliter
mm	Millimeter
mM	Millimolar
MS	Massenspektrometrie
MW	*molecular weight*
Mut	Mutation
m/z	Masse/Ladung
N	Asparagin
NaAc	Natriumacetat
NBT	4-Nitro-Blau-Tetrazoliumchlorid
n. b.	nicht bestimmbar
nm	Nanometer
nmol	Nanomol
N-Terminus	Aminoterminus
OD	Optische Dichte
ORF	*open reading frame*
P/ Pro	Prolin
PAGE	Polyacrylamid gelelektrophorese
PBS	*Phosphate buffered saline*
PCIA	Phenol-Chloroform-Isoamyl-alkohol
PCR	*Polymerase chain reaction*
Phe	Phenylalanin
POD	Peroxidase
P2Ox	Pyranose-2-Oxidase
pmol	Picomol
Q	Glutamin
R	Arginin
r oder rev	reverse (Primerrichtung)
rDNA	ribosomale DNA
RNA	Ribonukleinsäure
RNase	Ribonuklease
rpm	Umdrehungen pro min
RT	Raumtemperatur
S/ Ser	Serin
s/ sec	Sekunde
SDS	Natriumdodecylsulfat
T/ Thr	Threonin
TBE	Tris-Borat-EDTA
TCA	Trichloressigsäure
TE	Tris-EDTA
TEMED	N'N'N',N'-Tetramethyl-Ethylendiamin
TOF	*time of flight* (Flugzeit-Massenspektrometer)
T_m	Schmelztemperatur
Tris	Tris(hydroxymethyl)-Amino-Methan
Trp	Tryptophan
Tyr	Tyrosin
U	Unit (Enzymeinheit)
UV	Ultraviolett
v/v	Volumen pro Volumen
X-Gal	5-Bromo-4-Chloro-3-Indolyl-β-D-Galactopyranosid
V	Volt oder Valin
Val	Valin
Vis	visible (UV/Vis-Spektren)
W	Tryptophan
Y	Tyr

Printed by Books on Demand GmbH, Norderstedt / Germany